AF240722

DESCRIPTION

MÉTHODIQUE

D'UNE COLLECTION

DE MINÉRAUX,

DU CABINET DE M. D. R. D. L.

MÉTAUX.

OR ☉ *Sol Chymicorum.*

ESPÈCE I.

OR *VIERGE ou NATIF.* A. { *Gediegenes Gold* des Allemands.
Aurum nativum. Cronft. min. 165. Wolt. min 29.
——— *nudum nativum.* Lin. Syft. nat. XII. 151. n°. 1.
——— *nudum genuini coloris.* Carth. min. 77.
——— *nativum radicatum & folutum.* Wall. min. trad. fr. 303 & 304.
——— *purum virgineum.* Valm. de Bom. min. 2. p. 310.

A

Cet Or n'eſt point minéraliſé ; ſa criſtalliſation eſt octaëdre & quelquefois priſmatique : il contient ſouvent une petite
portion d'argent. M. de Juſti dit dans ſa
Minéralogie, que l'Or vierge eſt rarement
au-deſſus du titre de 22 karats.

⊙ A 1. *Or natif en feuilles & en pointes* ſur du
Quartz, dont une partie fait voir des portions
de criſtaux de roche, tandis que l'autre eſt à
l'état de *Feldt-ſpath* * ou Quartz feuilleté d'un
blanc mat. L'Or s'y montre en quelques endroits, ſous la forme de petits criſtaux peu
réguliers : de *Chremnitz* en Hongrie.

    * M. Cronſtedt a remarqué dans ſa Minéralogie
(§ 165) que le Quartz qui ſert de gangue à l'or de
Hongrie, a une apparence particulière.

⊙ A 2. Deux morceaux d'*Or natif*, l'un en
pointes ; l'autre en grumeaux, ſur du Quartz :
du Pérou.

⊙ A 3. *Or natif en petits grains* épars dans une
Mine de fer hépatique (♂ J) criſtalliſée en
cubes rectangles, ſtriés ſur toutes leurs faces,
& cellulaires dans leur intérieur * (*Eſſ. de
Criſt.* p. 356 & *ſuiv.*) Ce curieux morceau,
dont la gangue eſt un quartz mêlé de mica,
vient des environs de *Catherinebourg*, en
Sibérie.

    * Les compartimens cellulaires qu'on remarque dans
l'intérieur de pluſieurs cubes, annoncent que cette
mine a éprouvé de l'altération. Ces cubes, ſemblables
à ceux de certaines Marcaſſites, (*Eſſ. de Criſt.* p. 302.)
donnent lieu de croire que cette mine, dans ſon état

primitif, étoit une *Pyrite cuivreuse tenant or* (Efp. II.)
cette Pyrite, par la décompofition du foufre qu'elle contenoit, a paffé, fans changer de forme, à l'état de *Mine
de fer brune ou hépatique* : c'eft pourquoi les grains d'or
paroiffent à nud dans les petits interftices que le foufre
& le cuivre ont laiffés en fe décompofant. Le Mica,
dont le quartz eft incrufté en quelques endroits, femble
indiquer que ce dernier a auffi fouffert de l'altération.
Voyez un morceau de cette efpèce, dont la décompofition eft moins avancée, ci-après (♂ J 4.)

☉ A 4. *Or natif en petits criftaux octaëdres,*
grouppés confufément les uns fur les autres.
Le plus grand de ces criftaux eft un octaëdre
comprimé fous la forme d'une lame hexa-
gone, dont les côtés, alternativement grands
& petits, ont leurs bords en bifeau : de
Hongrie.

> Voyez fur ces Criftaux d'or *l'Effai de Criftallographie*,
pag. 376 & 390.

☉ A 5. *Sable très-fin tenant or, argent & bifmuth* : on le trouve dans la rivière d'*Orbeyran*
& dans celle d'*Arve*, auprès de Genêve.

ESPÈCE II.

M INE D'OR PYRITEUSE. B. { *Gold-kies* dès
{ Allemands.
Aurum fulphure mineralifatum. Cronft. min. 166.
———— *mineralifatum pyritá.* Syft. nat. XII.
152. n°. 2.
———— *minerá variá veftitum.* Wolt min. 29.
Or minéralifé avec le foufre par l'intermède du
fer. *Sage Elem. de Minéral. docim.* p. 254.

Pyrites d'Or ou Pyrites auriferes. *Monn. Expof.
des Mines*, *p.* 47.

Suivant M. Cronftedt & les Minéralogiftes les plus récens, cet Or n'eft pas
feulement interpofé dans la pyrite, comme Henckel l'avoit avancé ; il y eft en effet
minéralifé, puifque, dans cet état, l'eau
régale n'a point d'action fur lui.

⊙ **B. 1.** *Mine d'Or pyriteufe*, ou Pyrite martiale informe, tenant or, dans du Quartz :
de *Schemnitz* en Hongrie.

> C'eft la Pyrite d'un jaune pâle, nommée *gilft* ou
> *gelft* par les Allemands ; elle eft en partie attirable par
> l'aimant. *Aurum fulphure mi neralifatum mediante ferro.*
> Cronft. min. 166. 1. 2. *Habitat in Pyritâ cubico Smolandiæ.*
> Syft. nat. XII.

⊙ **B. 2.** Autre, compofée d'un amas de petits
grains chatoyans, arrondis ou polygones,
dans du Quartz : auffi de Hongrie.

> Elle rend par quintal quarante cinq livres de fer,
> trente-cinq livres de foufre, & cinq marcs d'or.

⊙ **B. 3.** *Mine d'Or pyriteufe* ou Pyrite cuivreufe informe tenant Or, dans une pierre
talqueufe grife, mêlée de fpath calcaire
blanc ; *d'Ædelfors*, Paroiffe d'Alfeda, en
Smolande.

> Voyez fur cette mine l'Hift. de l'Ac. R. de Suede,
> vol. VI. p. 117, & la Minéralogie de Wallerius, trad.
> fr. p. 583. M. Cronftedt dit qu'elle donne une once
> d'or & au-deffous par quintal.

⊙ B. 4. *Blende pyriteuse tenant Or*, entre deux couches de spath calcaire pyramidal : des mines du Comté de *Darby*, en Angleterre.

⊙ B. 5. *Blende cornée, Galêne & Pyrite tenant Or*, dans du quartz en partie cristallisé : de *Schemnitz*, en Hongrie. Cette mine donne sept marcs & demi d'argent par quintal.

> *Aurum sulphure mineralisatum mediante zinco & ferro aut argento*, Cronst. min. 166. 1. c. *Habitat in zinco sterilo Chemnitzii.* Syst. nat. XII. » à Chemnitz, » dit M. Cronstedt, on trouve une mine de zinc qui » contient une grande quantité d'argent, & cet ar- » gent est très-riche en or «. *Cronst. min. loco cit. & ibid.* 175. a. 2.

⊙ B. 6. *Galêne mêlée de Pyrite tenant Or* : de *Siegelsberg*, en Hongrie. Le quintal de cette mine donne huit marcs & une once d'argent riche en or.

⊙ B. 7. Mine d'argent rouge foncée, mêlée de *Pyrite tenant Or*, dans du quartz : de *Chrem-nitz*, en Hongrie. Cette mine tient quatre *phennings* d'or & beaucoup d'argent par quintal.

⊙ B. 8. Mine de cuivre hépatique & vitreuse azurée *tenant Or*, sans matrice : de la *Nou-velle Année* à Johann-Georgenstadt.

> *N. B.* J'ai reçu ce morceau sous le nom de *Wolfram* ou mine morte ferrugineuse tenant or.

⊙ B. 9. Mine de cuivre hépatique mêlée de pyrite cuivreuse tenant Or, sans matrice : de Hongrie.

A iij

⊙ B. 10, *Mine d'Or rouge*, ou Cinabre tenant
Or, dans du quartz carié blanc : de Hongrie.
Ce Cinabre a la couleur vive & luisante des
plus belles mines d'argent rouges. Il est cellulaire & sans forme déterminée, mêlé de
pyrites en très-petits cubes, grouppées en
mammelons.

Aurum sulphure mineralisatum mediante Mercurio,
Cronst. min. 166. ɪ b. *Habitat in hydrargyro Cinna-*
bari Hungariæ. Syst. nat. XII. (*Roth Guldisch-ertz* des
Allemands.)

ESPÈCE III.

Mine d'Or arsénicale. C.

Aurum arsenico mineralisatum mediante ferro.
Or minéralisé avec l'arsénic par l'intermede du
fer. *Sage, Elém. de Min. doc. p. 253.*

Mine d'Or de Vagay en Transylvanie. *Monn.*
Expos. des Min. p. 45?

Cette espèce est *une mine d'Arsénic testa-*
cée tenant or trouvée depuis peu à *Nagiay*,
en Autriche : les morceaux dont M. Sage
a fait l'essai, contenoient par quintal 75
livres d'arsénic, 11 livres de cuivre, 8
livres de fer, 2 livres de quartz, 3 livres
7 onces de cobalt & 9 onces d'Or.

⊙ C. 1. *Mine d'Or arsénicale*, ou *Mine d'Ar-*
sénic testacée tenant Or. Sa surface s'éleve en
mammelons noirâtres, granuleux, formés de

couches minces recourbées les unes fur les autres. On remarque dans fes fractures une mine d'arfénic blanche en lames luifantes & fpéculaires , fur une gangue quartzeufe en partie criftallifée : de Hongrie.

ESPÈCE IV.

PLATINE ou OR BLANC. **D.**
*Platinum feu Metallum album , rigidum , fub-
fragile , ponderofiffimum.* Syft. nat. XII. 151.
Platina del Pinto. Scheffer. Mém. de l'Acad.
de Stockolm, an. 1752 , p. 269. Lewis.
Tranfact. philof. 1754. vol. 48. Cronft.
min. 179.

Soit qu'on regarde cette fubftance comme un *Or imparfait*, ainfi que paroit l'in-
finuer l'Auteur d'une lettre anonyme inférée à la fuite du Recueil des Expériences
fur la Platine, (*Paris*, 1758 in-12.) foit
qu'on la regarde, avec quelques Chymiftes,
comme un *Or altéré par l'amalgame*, il
eft conftant qu'elle ne differe de l'Or que
par des qualités accidentelles, telles que
la ténacité, la couleur , la dureté, l'infufibilité au feu le plus violent & qu'elle
partage avec lui les propriétés qui le dif-
tinguent le plus de toutes les autres fubftances métalliques ; cependant plufieurs
Phyficiens penfent que la *Platine* eft un

nouveau métal parfait, qui, par fa coupel-
lation avec le plomb, peut donner des
maffes pures, bien compactes & malléables : mais, tant qu'on n'aura pas des expériences plus décifives que celles qui ont
été faites, & que cette fubftance ne nous
parviendra point dans un autre état que
celui fous lequel on nous l'a envoyée jufqu'à préfent, on aura de fortes raifons
pour révoquer en doute l'exiftence de ce
nouveau métal.

⊙ D. 1. Treize gros & demi de *Platine*, telle
qu'elle nous arrive du Pérou, c'eft-à-dire,
en petits grains anguleux & applatis, doux au
toucher, d'un blanc livide, mêlés de paillettes d'or, de fable ferrugineux noir attirable à l'aimant, &c.

⊙ D. 2. Un gros & demi de *Platine pure*, ou
en grains féparés par le triage des matieres
hétérogênes avec lefquelles on nous l'envoie.

ARGENT. ☽ *Luna Chymicorum.*

ESPÈCE I.

ARGENT VIERGE { *Gediegen-silber* } des All.
ou NATIF A. { ou *Bauer-ertz.* }

Argentum nativum. Wall. min. 293.
——— *purum nativum.* Cronft. min. 168.
——— *nudum nativum.* Syft. nat. XII. 148.
    n°. 1.
——— *nudum malleabile.* Carth. min. 75.
——— *nudum nativum formâ variâ.* Wolt.
    min. 29.

Cette efpèce doit fouvent fon origine
à la décompofition des mines d'Argent
rouges & vitreufes, quelquefois même à
celle des mines d'Argent grifes. Sa criftallifation eft octaëdre, & pour l'ordinaire
ramifiée. L'Argent vierge contient prefque toujours un peu d'or : celui dont M.
Sage a fait l'effai a produit 96 livres d'Argent & 7 onces d'or par quintal. Cet Argent eft, fuivant lui, à 11 deniers 12
grains.

☽ A. 1. *Argent vierge folide* & en longues pointes contournées , dans du fpath calcaire
blanc : de *Kongsberg* en Norwege. On remarque fur ce morceau de la mine d'Argent

noire cellulaire due à la décompofition d'une mine d'Argent rouge. Il y a lieu de croire que c'eft à la deftruction de ces deux mines que cet Argent vierge doit fa naiffance.

Argentum nativum folidum. Wallerius min. 293. 1. L'Argent vierge de Kongfberg eft au titre de 15 loths 14 grains ; or, 16 loths de fin correfpondent à 12 deniers de France.

A. 2. *Argent vierge folide & en filets contournés : du Méxique ;* on y diftingue quelques légeres portions du fpath calcaire qui lui fervoit de gangue.

A. 3. Argent vierge folide & en filets contournés, mêlé de mine d'argent vitreufe, de blende cornée, d'un peu de galêne & de fpath compacte blanc : *de Freyberg*, en Saxe.

Dans ce morceau intéreffant l'Argent vierge paroît dû à la décompofition de la mine d'Argent vitreufe.

A. 4. *Argent vierge en végétation comprimée,* ou en pointes qui s'entrelacent de manière à imiter une efpèce de rézeau ou de galon, dans les interftices d'un quartz friable blanc : *de Villafranca*, en Galice.

Argentum nativum dendreides mufci inftar ramulofum. Syft. nat. XII. 148. n°. 1. & Wall. min. 293. 4. (*Gewachfen-filber* des Allemands).

A. 5. *Idem*, coloré & détaché de fa matrice : *du Potofi*, où il eft nommé *Aranée* par les Efpagnols, à caufe de fon tiffu qui imite une toile d'araignée.

A. 6. *Argent vierge en végétation,* dont les

rameaux quadrangulaires & articulés font compofés de petits octaëdres implantés les uns fur les autres, comme dans les criftallifations artificielles de l'alun (*Eff. de Crift. p. 366. & fuiv.*) Trois morceaux ; l'un fous la forme d'un petit arbriffeau entremêlé de fpath compacte blanc : *de Wolfach* dans la Principauté de *Furftemberg* ; les deux autres, fans gangue, viennent de *Sainte-Marie aux-Mines*, où cette variété a été trouvée avec la mine d'Argent rouge, en 1754 & 1755, mais cette riche veine eft épuifée.

Argentum nativum cryftallinum ramis tetragonis more aluminis Syft. nat. XII. 148. n°. I. ζ. *Argentum crifpatum abrotani fruticem fermè æmulans denfè ftipatis ramufculis.* Worm. muf. p. 116. L'argent vierge des art. 4 & 5 ne differe de celui-ci que par la compreffion de fes ramifications. M. Sage a obtenu, par l'amalgame de l'Argent avec le Mercure, une criftallifation abfolument femblable.

☽ A. 7. *Argent vierge en pointes*, mêlé de *mine d'Argent vitreufe*, dans du fpath compacte : de la mine du *Prince du Ciel* (Himmelsfurft) à deux lieues de Freyberg. Dans ce morceau l'Argent vierge provient de la mine d'Argent vitreufe.

Argentum nativum formâ punctorum & micularum. Carth. min. 75.

☽ A. 8. *Argent vierge denticulé*, couleur d'or, fur une gangue de quartz micacé : de la Principauté de *Furftemberg*.

Argentum nativum dentatum, feu *dentes argentei.* Wall. min. 293. 8.

☽ A. 9. *Argent vierge capillaire*, avec *mine d'Argent noire* : de *Johann-Georgenſtadt*. Cette dernière provient de la décompoſition d'une *mine d'Argent rouge* dont on diſtingue encore quelques criſtaux ; mais elle ſe décompoſe à ſon tour pour donner naiſſance à l'Argent vierge, qui s'en dégage ſous la forme de filets très-déliés & contournés.

> *Argentum nativum capillare*, feu *trichites*. Wall. min. 293. 6. *Argentum capillare in fetis* Syſt. nat. XII. 148. nº. 1. δ. (*Haar-ſilber* des Allemands).

☽ A. 10. *Argent vierge capillaire*, ou en filets courts extrêmement minces, dans une mine de Cobalt rouge & noire : *d'Allemont*, en Dauphiné. Cet argent doit ſa naiſſance à la décompoſition de la mine d'argent griſe ou vitreuſe contenue dans cette mine de Cobalt. (*Voyez* ℞ G. 5.)

> C'eſt à une mine de cette eſpèce, ou peu différente que les Allemands ont donné le nom de *mine d'Argen merde d'oye*. (ci-après Eſp. VIII.)

☽ A. 11. *Argent vierge capillaire*, ſur une mine de Cobalt mêlée de fauſſes améthiſtes cubiques : *d'Annaberg*, en Saxe.

☽ A. 12. Autre ſur une mine d'Argent noire, légere & poreuſe (☽ G. 2.) qui provient de la décompoſition d'une mine d'argent griſe. L'eſfloreſcence vitriolique qui accompagne ce morceau, eſt ſenſible au goût & à l'œil.

ESPÈCE II.

MINE D'ARGENT VITREUSE. B. { *Glazertz* ou *Silber - glas* des Allemands.

Minera Argenti vitrea. Auctor.

Argentum sulphure mineralisatum , minerâ mal-leabili , vitreâ, candelæ igne liqua-bili. Wall. min. 294.

——— *mineralisatum griseum , splendens , mal-leabile.* Carth. min. 75.

——— *mineralisatum vitreum,* Syst. nat. XII. 148. n°. 3.

——— *sulphure mineralisatum.* Cronst. min. 169.

——— *plumbei coloris splendens , malleabile.* Wolt. min. 29.

——— *mineralisatum , sectile , malleabile , plumbi colorum.* Syst. nat. XII. *ibid.*

C'est l'Argent minéralisé par le soufre seul. M. Monnet (*Expos. des Min. p. 48.*) distingue deux sortes de *Mine d'Argent vitreuse;* l'une qui est flexible, se laisse couper comme du plomb, & qui, dans sa coupure fraîche, a la couleur & le lui-sant de ce dernier métal : l'autre, qui est plus dure, aigre, cassante, & qui, loin de se laisser couper, se laisse plutôt réduire en poudre : mais celle-ci étant encore com-binée avec l'arsénic, ne mérite point le nom de mine d'argent vitreuse ; c'est une mine d'argent rouge altérée, qui passe à l'état de mine d'argent vitreuse. Lorsque cette dernière se décompose, elle prend une couleur noire (*voyez ci-après* ☾ G). La mine d'argent vitreuse rend au quintal, suivant Wallerius, les trois quarts d'argent ou 75 livres ; suivant M. Sage, 84 livres d'argent & 16 livres de soufre ; & suivant Henckel, neuf dixièmes d'argent & un dixiéme de soufre.

☾ B. 1. *Mine d'Argent vitreuse cristallisée* en cubes, dont les angles solides sont tronqués ; (*Eß. de Crist. p. 370.*) elle forme un petit grouppe, sans matrice : *de Kuhschacht*, près de Freyberg.

Argentum vitreum crystallinum. Syst. nat. XII. 149. n°. 3. 7.

☾ B. 2. *Mine d'Argent vitreuse solide*, en grumeaux & en cristaux déformés, dûs à la décomposition de la mine d'argent rouge, dont il reste encore quelques portions noircies par l'arsénic, dans une gangue quartzeuse : *de Freyberg*.

☾ B. 3. Autre morceau de la même mine, mais plus chargé de mine d'argent rouge : cette dernière s'y rencontre en petits mammelons granuleux d'un brun rouge.

C'est la seconde qualité de mine d'Argent vitreuse de M. Monnet.

☽ B. 4. *Mine d'Argent vitreuse cristallisée en pointes* sur du spath compacte blanc, dans les interstices duquel la même mine est sous la forme de feuilles minces, avec une efflorescence blanche arsénicale : (⊶ D. 1.) de la mine *d'Himmelfurst*, près de Freyberg.

Argentum vitreum subulatum. Syst. nat. XII. 149. n°. 3. β. Ces pointes me paroissent être des prismes déformés, qui, dans leur origine, étoient des cristaux de mine d'Argent rouge.

☽ B. 5. *Mine d'Argent vitreuse en grumeaux;* qui paroissent provenir de la décomposition d'une mine d'argent grise en cristaux triangulaires. Il reste en effet des portions de cette dernière, mêlées avec l'argent vitreux, dans du quartz, parsemé de pyrites & de quelques cristaux de roche : *de Johann-Georgenstadt.*

☽ B. 6. *Mine d'Argent vitreuse en cristaux* à 14 facettes, (☽ B. 1.) pelotonnés en globules & entremêlés de spath lenticulaire, sur du quartz incrusté de *mine d'argent vitreuse superficielle* : de *Freyberg.*

Argentum vitreum superficiale. Syst. nat. XII. 149. n°. 3. *c*.

ESPÈCE III.

MINE D'ARGENT CORNÉE { *Horn - ertz* ou *Horn - silber* des Allemands.

Minera Argenti cornea. Auctor.
Argentum rude corneum, vel *Argentum sulphure*

& arfenico mineralifatum, minerâ
fufcâ, femi - pellucidâ, lamellofâ,
corneâ, igne candelæ liquabili. Wall.
min. 295.
Argentum acido falis folutum & mineralifatum.
Cronft. min. 177.
——————— *mineralifatum corneum, fubmalleabile,*
fubdiaphanum micans. Syft. nat. XII.
148. n°. 2.
——————— *diaphanum lamellofum.* Syft. nat. IX.
187. n°. 3.
——————— *mineralifatum fufco-flavum, fubdiapha-*
num, fragile. Carth. min. 75.
——————— *corneum, fubdiaphanum, malleabile.*
Wolt. min. 29.
Mine vitreufe blanche, *ou* Lune cornée native,
Henckel, *introd. à la Miner. trad.*
franç. p. 89.

Wallerius & ceux qui l'ont fuivi ont dit
que cette efpèce étoit minéralifée par le
foufre & un peu d'arfénic, & qu'elle donnoit les deux tiers de fon poids d'argent
par quintal ; mais M. Cronftedt &, tout
récemment, M. Sage nous ont appris que
cette mine étoit minéralifée par *l'Acide ma-*
rin. Suivant ce dernier, le quintal produit
20 livres d'acide marin & 80 livres d'argent
pur. M. Lehmann, (Traité de la form.
des Mét. p. 147.) dit que la *mine d'argent*
cornée eft redevable de fa forme à l'arfénic
& à l'acide du fel marin. Pour moi je penfe
que l'arfénic ne doit pas plus s'y trouver

que

que dans les autres mines de nouvelle formation dues à la décompofition de mines
fulfureufes & arfénicales. Telles font,
parmi les premières, les mines de plomb
blanches & vertes ; & parmi les fecondes,
les fleurs de Cobalt, qui ne contiennent
ni foufre, ni arfénic.

☽ C. 1. Un petit, mais très-rare morceau de
mine d'Argent cornée criftallifée en cubes rectangles comme ceux du fel marin. Ces cubes,
liffes, demi-tranfparens, d'un gris jaunâtre,
peuvent s'écrafer fur l'ongle comme de la
cire & fondent très - promptement à la flamme d'une bougie : ils font épars fur une mine
fuligineufe & décompofée : de *Johann-Georgenftadt*.

   Habitat in Saxonia Johann-Georgenftadt ; rariffimum.
Linn. Syft. nat. XII. Voyez l'Eff. de Crift. page 368
& fuiv.

☽ C. 2. Petits fragmens de quartz, dans lefquels la *mine d'Argent cornée* fe trouve avec
l'Argent vierge en pointes : du Pérou. Elle
eft ici fans figure déterminée & fa couleur
tire fur le brun.

   Minera Argenti cornea fufca. Wall. min. 295. 2. La
plûpart des morceaux d'Argent vierge du Pérou que j'ai
eu occafion d'examiner, contenoient de la *mine d'Argent cornée* ; ainfi cette efpèce n'eft peut-être pas fi rare
qu'on le penfe.

ESPÈCE IV.

MINE D'ARGENT ROUGE. D. } *Roth Gulden - ertz* des Allemands.

Minera Argenti rubra.
Minera florenorum rubra. } Auctor. } *Rofficlero* des Eſpagnols.

Argentum rude rubrum, vel *Argentum arſenico, pauco ſulphure & ferro mineraliſatum, minerâ rubrâ, antè ignitionem liquabili.* Wall. min. 296.

—————— *ſulphure & arſenico mineraliſatum.* Cronſt. min. 170.

—————— *mineraliſatum, rubrum, ſplendens.* Carth. min. 76.

—————— *rubrum, ſeu rubeſcens, triturâ rubrâ.* Syſt. nat. XII. 149, n°. 4.

—————— *rubeſcens, polyedrum, glanduloſum.* Syſt. nat. IX. 187. n°. 5.

—————— *rubrum, diaphanum & opacum.* Wolt. min. 29.

Cette eſpèce eſt d'un rouge plus ou moins vif, plus ou moins foncé, ſelon la proportion d'arſénic & de ſoufre qui s'y rencontre. Plus elle eſt claire & tranſparente, plus elle contient d'arſénic & moins elle eſt riche. Suivant M. Sage, la mine d'argent rouge *tranſparente* contient par quintal 58 livres d'argent, 12 livres d'arſénic, 20 livres de ſoufre, & 10 livres de fer : celle qui eſt *opaque* donne juſqu'à

62 livres d'argent, mais il n'y a que 7 livres d'arſénic avec 20 livres de ſoufre & 11 liv. de fer. En général, cette mine produit près des deux tiers de ſon poids ou de 120 à 124 marcs d'argent par quintal. Quelques Minéralogiſtes prétendent que la mine d'argent rouge ne contient point de fer. Lorſqu'elle ſe décompoſe dans le ſein de la terre, il en réſulte une *mine d'argent vitreuſe* (☽ B) & très - ſouvent une *mine d'argent noire* (☽ G).

☽ D. 1. *Mine d'Argent rouge* en criſtaux priſmatiques, polygones, tranſparens & du plus beau rouge. Ils forment un petit grouppe preſqu'entierement dégagé de ſa gangue, qui eſt un ſpath calcaire en priſmes hexagones : d'*Andreasberg*, au Hartz.

Argentum rubrum cryſtallinum, diaphanum, nitriforme. Syſt. nat XII. 149. n°. 4. ε.

☽ D. 2. Autre grouppe de criſtaux de *mine d'Argent rouge.* Ceux-ci ſont opaques & tirent ſur le gris. Leur gangue eſt un quartz criſtalliſé : de *Sainte-Marie aux-mines.*

Minera argenti rubra opaca. Wall. min. 296. 2.

☽ D. 3. *Mine d'Argent rouge ſolide*, & en petits criſtaux tranſparens, couleur de rubis, dans du quartz en partie criſtalliſé : du *Hartz.* Pluſieurs de ces criſtaux ſont réguliers & compoſés d'un priſme hexaëdre terminé par des pyramides triédres obtuſes, dont les plans ſont rhombéaux, (*Eſſ. de Criſt. p.* 371.)

Minera argenti rubra, cryſtalliſata, pellucens. Wall.
min. 296. 5. *Argentum cujus maſſula quaſi è rubinis
puriſſimis apparent concretæ.* Kentm. nomencl.

☽ D. 4. Autre grouppe de petits criſtaux de
mine d'Argent rouge, du même éclat que les
précédens, mais plus nombreux & du rouge
le plus vif : ils ont pour gangue de petits
criſtaux de Sélénite en table, dont les bords
ſont en biſeau (Tabl. Criſt. nᵒ. 87.) : de
Freyberg.

Argentum glebofum, carbunculo amethyſtizonti ſimile.
Kentm. nomencl.

☽ D. 5. *Mine d'Argent rouge glanduleuſe*, ou
en criſtaux polygónes, à facettes nombreuſes,
raſſemblés en globules ſur du quartz criſtalliſé, dont la baſe eſt un quartz irrégulier & coloré mêlé de *mine d'argent griſe* : de *Freyberg.*
Rare à cauſe de l'argent gris qui s'y trouve.

Argentum rubrum glandulofum. Syſt. nat. XII. 149.
nᵒ. 4. δ.

☽ D. 6. *Mine d'Argent rouge ſuperficielle* ſur
une gangue quartzeuſe & pyriteuſe : de *Saxe.*
Ce morceau eſt curieux en ce que les criſtaux
d'argent rouge, qui ſont comprimés & aiguillés comme certaines mines d'antimoine,
adherent ſeulement à la ſuperficie de la pyrite, ſur laquelle ils ſe ramifient ſans péné-
trer dans ſon intérieur. Rare.

Minera argenti rubra ſuperficialis. Wall. min.296. 6.
Argentum rubrum ſuperficiale. Syſt. nat. XII. 149.
nᵒ. 4. γ.

☽ D. 7. Veine de *mine d'Argent rouge opaque*

tirant fur le gris , entre deux couches de galêne , avec quartz, fpath calcaire & pierre
argilleufe : de *Freyberg*.

Argentum rubrum cinerafcens, communiter rubens. Syft.
nat. XII. 149. n°. 4. β.

☽ D. 8. Petit filon de *mine d'Argent rouge
foncée* , entre deux lifières de quartz : de
l'Aide de Dieu à Johann-Georgenftadt.

Minera argenti rubra fufca. Wall. min. 296. 8.

☽ D. 9. Autre , mêlée de blende rougeâtre,
dans du fpath compacte : de *l'Etoile du matin*
à Freyberg.

☽ D. 10. *Mine d'Argent rouge foncée , granuleufe*, ou en très-petits criftaux entaffés confufément fur une galêne teffulaire à 14 facettes, dont la gangue eft le quartz : de *Freyberg*.

Ce morceau eft remarquable par l'état de décompofition où fe trouve la *Galêne*, dont les criftaux cellulaires
& à demi détruits paroiffent avoir donné naiffance à
l'argent rouge qui les recouvre.

☽ D. 11. Grouppe de petits *criftaux d'Argent
rouge* , fur du quartz grenu : de *Freyberg*. On
y remarque le paffage de la forme cubique à
bords tronqués (*Tabl. Crift.* n°. 65.) à la
forme prifmatique hexaëdre à plans rhomboïdaux. (*Tabl. Crift.* n°. 102.)

Voyez le Catalogue d'une Collection choifie de
Minéraux, Paris, 1772, art. 1441 & 1444.

☽ D. 12. Criftal folitaire de *mine d'Argent
rouge* , qui, lorfqu'on l'oppofe à la lumiere
d'une bougie , paroît tranfparent comme un

rubis. Ses facettes font fort multipliées par
l'irrégularité de fa criftallifation : de *Sainte-
Marie-aux-Mines*.

ESPÈCE V.

MINE D'ARGENT BLANCHE. E. } *Weiff Gulden - ertz* des Allemands.

Minera Argenti alba.
Minera florenorum alba. } Auctor.

Argentum rude album , vel *Argentum pauco arfenico & cupro mineralifatum , minerâ
micante albâ.* Wall. min. 297.

———— *arfenico & cupro fulphurato mineralifatum.* Cronft. min. 171. b.

———— *mineralifatum cupri arfenicalis , triturâ
albidâ.* Syft. nat. XII. 149, n°. 5.

———— *albidum , informe , fragile.* Syft. nat. IX.
187. n°. 4.

———— *albo-grifeum , fplendens , cupro mixtum.*
Wolt. min. 29.

———— *mineralifatum , albefcens , fplendens.*
Carth. min. 75.

Cette mine, qui eft d'un gris blanc plus
ou moins clair , a été très-fouvent confondue, comme le remarque M. Monnet,
(*Expof. des Min. p.* 56.) tantôt avec la
mine d'argent grife (☽ F.) tantôt avec la
mine blanche arfénicale (☽ M.). Elle differe de la première , en ce qu'elle ne con-

tient qu'une petite quantité de cuivre avec plus d'argent, & de la feconde, en ce qu'avec moins d'arfénic, elle contient beaucoup plus de foufre : elle eft en général d'une nuance un peu plus foncée que le *Cobalt* & la *pyrite blanche arfénicale*, mais plus claire que le *Fahlertz*. Wallerius porte le produit de cette mine jufqu'aux environs d'un tiers d'argent (33 livres) par quintal, tandis que, fuivant M M. Lehmann & Cronftedt, il ne va guères au-deffus de 20 à 30 marcs, & même de 14 marcs fuivant Henckel.

☽ E. 1. *Mine d'Argent d'un blanc bleuâtre* en criftaux comprimés & ftriés, qui tirent en partie fur la couleur d'acier, & en partie fur le rouge ; ils font mêlés de quartz grenu : d'*Himmelfurft*, près Freyberg. Rare.

Minera argenti alba colore chalybeo. Wall. min. 197. 3. On croit reconnoître fur ce morceau le paffage d'une mine d'Argent grife en criftaux triangulaires à un nouvel état : en effet la forme pyramidale de quelques-uns eft encore très - fenfible fur les lames prifmatiques qui réfultent de l'aggrégation de ces criftaux.

☽ E. 2. *Mine d'Argent blanche folide* & par veines, dans du quartz parfemé de petites marcaffites : de *Braunfdorff*, en Saxe.

C'eft la *mine d'argent glacée* des Mineurs.

☽ E. 3. *Mine d'Argent blanche*, ou d'un gris

clair, en criſtaux triangulaires, dans du ſpath
perlé blanc : de *Sainte-Marie aux-mines.*

On y remarque le même paſſage que dans ceux décrits ci-deſſus, n°. 1.

ESPÈCE VI.

MINE D'ARGENT GRISE. F. (♀ E) { *Fahlertz* des Allemands.

Minera Argenti griſea. Auctor.
Argentum rude cinerei coloris, vel *Argentum cupro & ferro mineraliſatum, minerâ
  griſeâ.* Wall. min. 299.
—————— *mineraliſatum cupri cinerei, triturâ rubrâ.*
  Syſt. nat XII. 150. n°. 6.
—————— *cupro & antimonio ſulphurato mineraliſatum.* Cronſt. min. 174. 6.
Cuprum pallido-griſeum, ſplendens, argenti dives.
  Wolt. min. 30.

Cette mine n'étant point différente de
la *mine de cuivre blanche* appellée auſſi *mine
de cuivre-argent,* voyez ci-après (♀ E) ſes
autres ſynonimes, d'après les Auteurs qui
en ont fait deux eſpèces diſtinctes, ou qui
l'ont placée parmi les mines de cuivre :
c'eſt en effet à ces dernières qu'elle appartient, ſi l'on ne conſidere que le métal qui
y domine, puiſqu'elle ne contient au quintal que 2 à 3 marcs d'argent ſelon Walle-

rius, ou 5 marcs selon Henckel. M. Sage dit que ces cinq marcs d'argent sont combinés, dans cette mine, avec 14 livres de cuivre, 2 livres de fer & 73 livres d'arsénic. Suivant M. Monnet, cette mine contient beaucoup de soufre, & donne depuis 16 jusqu'à 25 livres de cuivre par quintal. M. Cronstedt parle d'une espèce trouvée à Aninskog en Dalie, qui ne contient point d'arsénic, mais du soufre uni à l'antimoine: il en fait une espèce particuliere, & ne distingue point la mine grise arsénicale de la mine d'argent blanche (☽ E.).

☽ F. 1. *Mine d'Argent grise en cristaux triangulaires* formés par le tétraèdre dont les bords sont tronqués de part & d'autre en biseau; (*Ess. de Crist. p. 374. var. 3.*) la plûpart des pans en biseau sont ici striés suivant leur longueur; les angles solides du tétraèdre sont aussi tronqués de biais dans la plûpart de ces cristaux, d'où résultent de petits plans dont la forme varie depuis le triangle jusqu'à l'octogone. Ces cristaux, moins engagés dans leur matrice qu'on ne les trouve d'ordinaire, viennent des mines de mercure de Hongrie. Leur gangue est un quartz grenu mêlé de feldt-spath qui paroît contenir un peu de cinabre; c'est sans doute ce qui a fait ranger de pareils cristaux parmi les mines de mercure, sous le nom de *mine de Mercure en cristaux gris* (☿ E.).

N. B. Parmi les criftaux qui compofent ce grouppe il y en a un remarquable, en ce que l'angle folide du tétraëdre eft tronqué net, d'où réfulte un petit plan triangulaire, ceint de trois hexagones allongés peu réguliers. Si ce criftal étoit complet, il feroit compofé de 32 plans ; fçavoir, quatre grands hexagones à côtés alternativement grands & petits pour les quatre faces du tétraëdre ; 12 trapèzes linéaires pour les bifeaux des bords tronqués ; 12 hexagones linéaires pour les bifeaux des fommets ; & quatre petits triangles provenans de la fection des angles folides de ces mêmes fommets. *Voyez le Catal. raif. de 1772* , art. 1249 & 1251.

☽ **F. 2.** *Mine d'Argent grife criftallifée en cubes* rectangles : de *Siporo* près du Potofi. Le cube dont ce morceau a fait partie, avoit un pouce de largeur fur 7 à 8 lignes de hauteur. Les quatre faces latérales font ftriées perpendiculairement ; mais la fupérieure & l'inférieure font liffes. Cette variété eft très-rare.

☽ **F. 3.** *Mine d'Argent grife folide* & en criftaux triangulaires à bords en bifeau, comme ceux du n°. 1. Ils font plus éclatans, mais plus engagés dans leur matrice, qui eft un quartz en partie criftallifé : de Saxe.

☽ **F. 4.** *Mine d'Argent grife folide & criftallifée* dans du quartz, avec petits criftaux de roche, fpath lenticulaire & fpath perlé blanc : de *Sainte-Marie aux-mines.*

Plufieurs de ces criftaux d'argent gris paroiffent avoir éprouvé de l'altération ; c'eft ce qu'annonce leur furface rembrunie femée d'inégalités ; on y voit même plufieurs indices du fer & du cuivre contenus dans ces criftaux.

☽ **F. 5.** Autre grouppe des mêmes criftaux de *mine d'Argent grife*, mêlés auffi de fpath

lenticulaire & de ſpath perlé. La décompoſition de cette mine eſt plus ſenſible ſur l'un
des côtés du grouppe que ſur l'autre.

On trouve ſouvent dans de pareils morceaux de l'ar-
gént vierge qui s'en dégage en filets très-déliés; mais
on ne voit dans celui-ci que la terre martiale due aux
parties de cette mine, qui ſe ſont décompoſées. *Voyez le
Catal. raiſ. de 1772. n. 1463 & ſuiv.*

☽ F. 6. *Mine d'Argent griſe ſolide* & en criſtaux triangulaires, dans une gangue quartzeuſe mêlée de ſpath calcaire : de *Sainte-
Marie aux-mines.*

☽ F. 7. *Mine d'Argent griſe ſolide* entremêlée
de galêne, avec marcaſſites dodécaëdres à
plans pentagones, dans du quartz : de *Freyberg.*

☽ F. 8. Veine de *mine d'Argent griſe ſolide,*
dont la ſurface a déjà ſubi quelqu'altération.
Sa gangue eſt le quartz : de *Giromagni,* dans
la Haute-Alſace.

☽ F. 9. *Mine d'Argent griſe & blanche,* mêlée
d'arſénic noir teſtacé (o–o A.) dans du
quartz, dont les cavités ſont tapiſſées de petits
criſtaux de roche, fort éclatans : de *Freyberg.*

Ce morceau eſt analogue à ceux qui ſont décrits ci-après
☽ M. 1 & 2.

ESPÈCE VII.

Mine d'Argent noire. G.

Les Allemands nomment la plus riche *Schwartz-Gulden-
ertz,* & la moins riche *Silber-Schwartz,* ou *Ruſſigtz-ertz.*
Minera Argenti nigra, Auctor.

Argentum rude nigrum, vel *Argentum sulphure, arsenico, cupro & ferro mineralisatum, minerâ nigrâ vel fuligineâ.* Wall. min. 298.

———— *arsenico & cupro sulphuratis mineralisatum.* Cronst. min. 171. a.

———— *mineralisatum, continuum, nigricans.* Carth. min. 76.

———— *nigrum.* Syst. nat. XII. 150. n°. 9.

———— *obscurum fuliginosum.* Syst. nat. X. 183. n°. 6.

Gleba nigra argenti particeps. Hebenstreit.

(*Nigrillo* des Espagnols.)

Cette mine noire ou brune, ou couleur de suie, est tantôt solide & tantôt spongieuse, cellulaire & comme vermoulue; ce qui annonce un état de décomposition: elle est en effet le résultat soit des *mines d'argent rouges* ou *vitreuses*, soit des *mines d'argent blanches* ou *grises*, qui, par la désunion de leurs principes constituans, ont passé à ce nouvel état. Le produit de cette mine doit donc varier selon que l'espèce qui lui a donné naissance étoit pauvre ou riche, & selon le degré d'altération qu'elle a éprouvée dans le sein de la terre. C'est la raison pour laquelle les Minéralogistes sont si peu d'accord sur la quantité d'argent que cette mine rend à l'essai. Suivant Wallerius, elle produit souvent plus d'un quart d'argent (25 à 30 livres) par quintal. Suivant M. Sage, elle contient beaucoup plus de soufre que la mine d'argent vitreuse ; mais elle ne produit que 15 marcs d'argent par quintal. M. Lehmann dit qu'on en a trouvé à *Oberschona* près de Freyberg, jointe à de la mine d'argent rouge & à de la mine d'argent vitreuse, dont le quintal contenoit jusqu'à 113 marcs d'argent (56 livres & demie par quintal.) La mine d'argent noire solide, & celle qui est spongieuse ou vermoulue, proviennent ordinairement de la décomposition des mines d'argent rouges ou vitreuses ; ce sont aussi celles qui sont les plus riches ; il n'est pas rare d'y trouver de l'argent vierge en cheveux ou en rameaux plus ou moins fins. Celle qui est friable & d'un noir luisant comme de la poix, provient d'ordinaire de la décomposition des mines d'argent blanches ou grises : l'argent vierge s'y rencontre aussi quelquefois, mais toujours en filets très-déliés. Cette dernière est beaucoup plus pauvre que la précédente, défaut qui vient du peu de richesse de la mine originaire. Lorsque ces mines passent à l'état d'argent capillaire, elles sont accompagnées d'une efflorescence vitriolique, occasionnée par la décomposition du soufre & la combinaison de son acide avec le fer qu'elles contiennent.

☽ **G. 1.** *Mine d'Argent noire solide & cellu-laire*, qui provient de la décomposition d'une mine d'argent rouge. (*Voyez ci-deffus* ☽ **A** *9*),

Minera argenti nigra folida. Wall. min. 298. 1. Ce morceau de mine d'argent noire fe décompofe journellement par l'humidité de l'air, quoiqu'enfermé dans un tiroir : Il eft chargé d'une efflorefcence vitriolique, du milieu de laquelle l'argent vierge fe dégage en petits filets contournés blancs & luifans : parmi ces filets d'argent natif, il y en a d'autres d'origine plus ancienne, noircis par l'arfénic, & beaucoup plus gros.

☽ **G. 2.** *Mine d'Argent noire, légere & poreufe,* chargée d'une efflorefcence vitriolique : ce morceau, dont l'argent vierge fe dégage en petits filets contournés, eft dans un état de décompofition qui augmente tous les jours.

Minera argenti nigra fpongiofa. Wall. min. 298. 2. Ce morceau eft le même que celui dont il eft parlé ci-deffus ☽ **A. 12.**

☽ **G. 3.** *Mine d'Argent noire, luifante, friable* & comme charbonneufe, qui laiffe échapper de fes gerçures de l'argent vierge en petites feuilles & en filets contournés : de *Joachim-ftal*, en Bohême.

Minera argenti nigra picea. Wall. min. 298. 3. Ce morceau eft le réfultat d'une mine d'argent grife décompofée, mais dont la forme triangulaire eft encore fenfible en quelques endroits moins décompofés que le refte.

☽ **G. 4.** *Mine d'Argent noire arfénicale en den-drites,* dans du fpath compacte blanc : de *l'Etoile du matin* à Freyberg.

Cette mine eft un argent vierge des variétés décrites

ci-deſſus, Eſp. I. Var. 4, 5 & 6. ici il eſt altéré & en partie décompoſé par l'arſénic. Celui qui ſe rencontre dans la mine de Cobalt, a fait donner à cette derniere par les Mineurs le nom de *mine de Cobalt tricottée.* Voyez ci-après, au Cobalt, Eſp. II. Var. 2. & le Catal. raiſ. 1772. n. 430, 1435 & 1423.

G. 5. Un curieux morceau de *mine d'Argent noire*, d'où l'argent vierge en végétation ſe dégage en criſtaux octaëdres implantés les uns ſur les autres. Ce petit arbriſſeau, qui eſt ſans matrice, vient de *Schnéeberg.*

Pluſieurs des octaëdres qui le compoſent ſont enveloppés d'une mine d'argent vitreuſe, à la décompoſition de laquelle cet argent vierge doit ſa naiſſance.

G. 6. Autre arbriſſeau de *mine d'Argent noire*, due à la décompoſition d'une mine d'argent rouge : il eſt auſſi ſans matrice, & vient de Hongrie.

On reconnoît à l'élaſticité des rameaux cylindriques qui compoſent ce groupe, que leur intérieur eſt parvenu à l'état d'argent vierge, quoique la croûte extérieure ſoit une mine d'argent rouge devenue noire par l'altération qu'elle a éprouvée.

ESPÈCE VIII.

MINE D'ARGENT MOLLE. H. { *Silber-mulm* des Allem.

Minera Argenti mollior. Auctor.

Argentum aut purum aut mineraliſatum lapidi vel terræ immixtum, minerâ molliori aut fluidâ. Wall. min. 301.

Mine d'Argent en farine. *Monn. Expof. des min. p. 57.*

Cette mine nommée quelquefois *mine d'argent merde d'oie* (*Gaens-Koetig-ertz* des Allemands) à caufe de fon peu de confiftance, & des couleurs variées qu'on y remarque, telles que le jaune, le verd, le noir, le rougeâtre, &c. n'eft due pour l'ordinaire qu'à la décompofition de la *mine de Cobalt grife* & du *Kupfernickel* riches en argent. Ces mines, en paffant à ce nouvel état, laiffent à nud l'argent vierge fous la forme de filets capillaires (☽ A 10.) fouvent auffi l'argent y eft encore minéralifé & à peine vifible, ou en petits grains luifans épars dans la fubftance ochreufe que ces mines ont laiffée (♃ G. 5.) Cette mine eft par conféquent plus ou moins riche, & on ne peut rien établir de fixe fur fon produit : elle donne, fuivant M. Brinnich, 17 marcs & demi d'argent par quintal. Les ochres martiales tenant argent, appellées *Gilben* par les Allemands, lefquelles donnent quelquefois 2 à 3 marcs d'argent par quintal, font auffi des mines décompofées qu'on peut ranger ici, non comme une efpèce de mine particuliere, mais comme un état intermédiaire où l'argent fe trouve lorfqu'il perd fon minéralifateur pour paffer à l'état d'argent vierge.

☽ H. 1.

☽ H. 1. *Mine d'Argent merde d'oie*, ainsi nommée de ses couleurs mélangées de brun, de verd & de jaunâtre. Cette mine, dont l'état d'altération s'annonce par ses gerçures & sa friabilité, renferme de petites portions de quartz non décomposées. La partie brune ou fuligineuse contient de l'argent en petits grains brillans, presqu'imperceptibles, ou en filets extrêmement minces : de Saxe.

> Ce morceau provient de la décomposition du *Kupfernickel* ou mine de Cobalt d'un gris rougeâtre, dont la couleur métallique n'est pas encore totalement détruite. *Minera argenti mollior lapidea stercoris anserini.* Wall. min. 301. 1.

☽ H. 2. Autre, où les couleurs rouge & brune dominent davantage : d'*Allemont*, en Dauphiné.

> C'est une mine de Cobalt terreuse ou décomposée, qui contient environ six marcs d'argent par quintal.

ESPÈCE IX.

MINE D'ARGENT DANS LA GALÈNE. I.

ou *Mine d'Argent blanche* des Mineurs.
Minera argenti cum plumbo sulphurato. Cronst. min. 176. 8.

Les Allemands nomment *Frommertz* celle qui contient moitié plomb & moitié argent, mais il est très-rare d'en trouver de cette richesse : celle de Guadalcanal en

Eſpagne, rend, ſuivant les eſſais de M. le Camus, 50 livres de plomb, & 12 marcs & demi d'argent par quintal. C'eſt encore une des plus riches que l'on connoiſſe ; celle de Wolfach, dans la principauté de Furſtemberg, donne depuis 3 juſqu'à 6 marcs d'argent par quintal. Quand la quantité d'argent qui ſe rencontre dans la galêne, eſt au-deſſous d'un marc par quintal, on la range parmi les mines de plomb griſes (♄ B.), qui rarement ſont dépourvues de ce métal.

☽ I. 1. Galêne à petits points brillans, *riche en argent*, mélée de pyrite cuivreuſe & de ſpath calcaire : de Saxe.

> On croyoit autrefois que, plus les facettes de la Galêne étoient petites, plus elle contenoit d'argent, mais cela n'eſt pas toujours vrai.

☽ I. 2. *Idem* avec quartz & pierre argilleuſe.

☽ I. 3. Galêne teſſulaire à 14 facettes, dont les criſtaux plus ou moins cellulaires & décompoſés, ſont la plûpart incruſtés de mine d'argent griſe granuleuſe ; quelques-uns laiſſent échapper de leurs cavités de très-petits filets d'argent vierge capillaire : ils ſont entremêlés de petits criſtaux de roche à deux pointes, ſur une gangue quartzeuſe : de *Freyberg*.

☽ I. 4. Petit cube de galêne à demi décompoſée, d'où l'argent vierge ſe dégage en filets capillaires : de la mine du *Prince du Ciel*, à Freyberg.

Voyez le Catal. raif. de 1772. n°. 1426.

☽ I. 5. *Galêne à petites facettes*, d'une blancheur & d'un éclat extraordinaires à caufe de l'argent qu'elle contient : elle eft entremêlée d'argent vierge en pointes, dans du fpath compacte blanc : de *Saint - Winzel* (Saint-Vinceflas) dans la Principauté de Furftemberg.

☽ I. 6. Autre morceau venant de la même mine, dans lequel cette galêne tenant argent eft accompagnée d'une plus grande quantité d'argent vierge.

ESPÈCE X.

MINE d'ARGENT DANS L'ANTIMOINE.
K.

Argentum antimonio fulphurato mineralifatum. Cronft. min. 173. 5.

Cette mine eft {
| ou folide & d'un gris foncé tirant fur le brun, | *Leber-ertz* des Allem. |
| ou en filets élaftiques d'un bleu noirâtre. | *Feder-ertz* des Allem. |

Minera Argenti plumofa. Auctor.

Minera Argenti antimonialis capillaris. Cronft. min. 173. b. 1.

C ij

Argentum sulphure , arsenico & antimonio mine-
     ralisatum , minerâ plumosâ vel ra-
     diatâ. Wall. min. 300.
——— *mineralisatum , fibrosum , fibris rectis , te-*
     nuissimis , admodum friabilibus , ni-
     gricantibus. Carth. min. 76.
Argentigo, vel *ochra argenti germinans, nigricans.*
     Syst. nat. XII. 194. nº. 14.

La mine d'*argent en plumes* ou en *barbes
de plumes,* provient de la décomposition
d'une mine d'antimoine tenant argent,
telle que celle de Braunsdorff, en Saxe :
c'est pourquoi cette mine *en plumes* ne se
trouve que par nids ou pelottons dans les
cavités & à la surface des mines d'argent
grises antimoniées qui se décomposent. Il
est rare, dit M. Lehmann, qu'elle contienne plus de 4 à 5 onces d'argent au quintal ; M. Cronstedt réduit même cette quantité à 2 ou 4 onces. On a déjà remarqué
ci-dessus que ce Minéralogiste ayant rangé
la mine d'argent grise ordinaire ou *fahlertz*
avec la mine d'argent blanche (☽ E.)
comme une variété de cette espèce, il
avoit donné le nom de *mine d'argent grise*
à une combinaison du cuivre & de l'antimoine avec l'argent, qui, pulvérisée , paroît rougeâtre, & donne 24 livres de cuivre avec 13 onces d'argent par quintal :
mais cette mine rare n'a encore été trou-

vée qu'en Dalie , Province de Suede.
(☽ F).

☽ K. 1. *Mine d'antimoine grise solide tenant argent* , dont une partie décomposée ou exaltée
eſt à l'état de *mine d'argent en plumes*. La première de ces mines tire ſur le bleuâtre, & paroît en quelques endroits fibreuſe ou ſtriée ; la
ſeconde eſt en petits filets gris, courts, élaſ-
tiques, entaſſés dans les cavités de la gangue,
qui eſt un ſpath en criſtaux lenticulaires, auſſi
de couleur griſe : de *Freyberg*.

> Ce morceau eſt analogue à ceux qui ſont décrits dans
> le Catal. raiſ. de 1772 , art. 1474 & ſuiv. *Minera ar-*
> *genti plumoſa alba*. Wall. min. 300. 1.

ESPÈCE XI.

*B*LENDE TENANT ARGENT. **L.**
(Voyez les mines de Zinc.)

*Argentum zinco ſulphurato mineraliſatum.*Cronſt.
min. 175.
———— *zincoſum* ſeu *mineraliſatum zinco ſterilo*.
Syſt. nat. XII. 150. nº. 8.

Suivant M. Cronſtedt les *Blendes colo-*
rées gorge de pigeon ſolides & mammelonnées, de Schemnitz en Hongrie, contiennent non - ſeulement de l'or, mais elles
rendent auſſi juſqu'à 3 marcs d'argent & 30
livres de zinc par quintal. Les Allemands

appellent *Kugel-ertz* celle qui eſt globuleuſe ou mammelonnée. On trouve auſſi
de l'argent dans les *Blendes noires* ou *couleur de poix* , de Saxe ; elles ſont pareillement ou ſolides & lamelleuſes, ou mammelonnées. Henckel dit que, dans les mines riches de Freyberg, la blende contient depuis quelques onces juſqu'à un
marc d'argent par quintal (*Introd. à la
Miner. trad. fr. p. 103*).

☽ **L. 1.** Blende luiſante criſtalliſée & colorée
gorge de pigeon, *tenant argent* : de Saxé.

☽ **L. 2.** Blende noire luiſante, couleur de
poix, *tenant argent,* mélée avec pyrite blanche
arſénicale en cubes obliquangles, incruſtés
de petits criſtaux de galêne à **14** facettes : de
Freyberg.

   Voyez le Catal. raiſ. de 1772, art. 770 & 628.

☽ **L. 3.** Blende cornée *tenant or & argent :* de
Schemnitz en Hongrie.

   Voyez le morceau décrit ci-deſſus, ☉ **B. 5.**

ESPÈCE XII.

PYRITE ARSÉNICALE
TENANT ARGENT. M. { *Weiſſ-ertz* des All.

   C'eſt la *mine blanche* ou *pyrite d'argent* de Henckel.

*Argentum ferro & arſenico ſulphurato mineraliſa-
tum.* Cronſt. min. **172.**

Argentum mineralifatum arfenicale. Syft. nat.
XII. 150. n°. 7.

Cette efpèce, qu'il ne faut pas confondre avec la *mine d'argent blanche* (☽ E.) ni
avec la galêne riche en argent, (☽ I.) fe
rencontre dans les mines de Saxe ; elle reffemble fi parfaitement au *Mifpickel*, c'eft-
à-dire, à la pyrite arfénicale ordinaire,
qu'on ne peut en faire la diftinction par le
coup d'œil extérieur. M. Cronftedt croit
que l'argent qu'elle contient s'y trouve
parfemé en filets capillaires très-déliés,
mais il convient en même tems qu'il n'a
point encore eu l'occafion de s'en affurer
par l'examen. M. Monnet (*Expof. des
Min. p.* 59 *&* 60) dit que cette efpèce n'a
été trouvée jufqu'à préfent que dans les
mines de la direction de Freyberg ; qu'elle
eft plus ou moins blanche & claire, tantôt
en maffe dure & d'un tiffu ferré, tantôt en
grains fins & brillans. Ce Minéralogifte
ajoute que c'eft un compofé de fer, d'arfénic & quelquefois d'une petite portion de
cuivre, & qu'alors cette mine tire un peu
fur le jaune : mais il y a lieu de croire que
celle qui contient du cuivre, eft une *mine
d'argent blanche* (☽ E.) & non la mine
dont il s'agit, laquelle ne diffère de la pyrite blanche arfénicale, que par un peu

d'argent, qui paroît même lui être acci-
dentel & qui ne va que d'une à fix onces
par quintal.

☽ M. 1. *Mine blanche d'Argent*, ou pyrite
arfénicale folide & criftallifée tenant argent,
mêlée de petits criftaux de mine d'argent
rouge, de blende & de criftaux de roche
très-diaphanes : de *Freyberg*.

> Ce morceau, lorfqu'on le frappe avec le briquet
> répand beaucoup d'étincelles avec une odeur forte d'ar-
> fénic.

☽ M. 2. Autre morceau, dans lequel la *mine
blanche* eft accompagnée de mine d'argent
grife criftallifée, d'argent rouge en prifmes
très - déliés, & de quelques filets d'argent
vierge capillaire : de *Sainte-Marie aux-mines*.

Voyez ci-deffus ☽ F. 5 & 9.

ESPÈCE XIII.

PYRITE SULFUREUSE { *Silber-haltiger-kies*
TENANT ARGENT. N. { des Allemands.
ou *Mine d'argent pyriteufe.*
Argentum ferro fulphurato mineralifatum. Cronft.
min. 176. 10.

M. Cronftedt dit qu'on trouve à Kongfberg en Norwege, une pyrite hépatique ou
de couleur de foie, qui rend depuis 3 on-

ces jusqu'à 3 onces & demie d'argent par quintal. On peut rapporter ici le *Zinnopel*, dont parle M. de Justi dans sa Minéralogie (*§. 43 & & 44.*) S'il en faut croire cet Auteur, cette espèce de mine pyriteuse donne de l'argent qui contient un quart de son poids en or; elle est, suivant lui, minéralisée par l'alkali volatil; ce qui n'est point encore prouvé. M. Lehmann parle aussi, d'après M. Hoffmann, du *Zinnopel* ou *Sinople*, qu'il dit être une substance d'un rouge brun, qui contient de la pyrite & quelquefois de l'or natif. (*Lehm. form. des Mét. p. 305. trad. fr.*)

☽ N. 1. *Zinnopel de Hongrie*, en petits grains d'un brun rouge foncé, épars sur un grouppe de marcassites à 14 facettes * (*Tabl. Crist.* N°. 59, 60 & 84.) Ces pyrites, remplies de gerçures, ont peu d'adhérence entr'elles, ce qui annonce un état de décomposition : on remarque entre ces gerçures des filets extrêmement minces, que je soupçonne être de l'argent capillaire. Quelque stérile que paroisse ce minéral, encore peu connu, les Mineurs Hongrois sçavent en tirer parti : il produit, dit-on, 8, 10 & 12 onces d'argent par quintal.

* J'ai vu dans le Cabinet de M. le Duc de *** à Paris, un très-rare grouppe composé de cristaux de la grosseur d'un pois ou environ; ils avoient la couleur de l'argent vierge & la même forme que ceux de cette marcassite.

☽ N. 2. Autres morceaux de *Zinnopel* mêlé de galêne, dans du quartz en partie criſtalliſé : de Hongrie.

Nous devons encore à M. de Juſti la connoiſſance d'un autre Minéral trouvé à Schemnitz en Hongrie & en quelques-autres lieux de l'Allemagne, où il eſt connu ſous le nom de *Roſchge-Weichs* : ce Minéral, non moins rare que le *Zinople*, eſt d'un gris blanchâtre ou noirâtre, & réunit quelquefois ces couleurs dans le même morceau. Sa ſuperficie eſt toujours granulée ; il eſt très - dur, liſſe & d'un gris blanchâtre dans ſa fracture ; il paroît ſouvent mêlé avec des cubes en apparence pyriteux, mais qui ne ſont rien moins que des pyrites, puiſque le feu les décele pour argent natif. C'eſt, dit-on, la plus riche de toutes les mines d'argent, ſans en excepter la *vitreuſe*. On ajoute que le *Roſchge-Weichs* ne ſe trouve que par nids, & que ſa richeſſe n'empêche pas les Mineurs d'être fâchés de le rencontrer, l'expérience leur ayant appris que la mine devient moins bonne pour un tems. (*Cette note eſt tirée de la Minéralogie de M. Vogel, & rapportée dans l'Eſſai de Criſtallographie*, p. 367.

ESPÈCE XIV.

Cobalt tenant argent. O.
(Voyez les mines de Cobalt.)
Argentum cobalto mixtum.

La mine de Cobalt griſe & celle d'un gris rougeâtre, appellée *Kupfernickel* par les Allemands, contiennent quelquefois de l'argent : il n'y eſt point alors viſible ; mais, quand ces mines ſe décompoſent &

paſſent à l'état terreux, dans lequel elles
ont l'Acide marin pour minéralifateur,
l'argent vierge reſte à nud, & on les range
alors ſoit parmi l'argent vierge (☽ A. 10
& 11.) ſoit parmi les *mines d'argent molles* (☽ H. 1.). D'après les eſſais que M.
Sage a faits de la *mine de Cobalt terreuſe*,
d'Allemont en Dauphiné (♅ G. 5.) cette
mine produit ſix marcs d'argent & autant
de Cobalt par quintal.

ESPÈCE XV.

MINE D'ARGENT FIGURÉE. P.

Minera argenti figurata. Wall. min. 302.
Minera argentifera, vel *Argentum amorphum mi-
nerâ variâ veſtitum.* Wolt. min. 30.
Larvæ argentiferæ. Cronſt. min. 288.

Ce n'eſt point ici une eſpèce de mine
d'argent particulière, ce ſont des ſubſtances animales ou végétales foſſiles, dans
leſquelles l'argent ſe rencontre en plus ou
moins grande quantité, ſoit qu'il ſoit *vierge*
ou minéraliſé. Cette mine n'eſt donc point
figurée par elle-même, mais par les corps
qui la contiennent. Tels ſont les *inſectes
ailés* minéraliſés trouvés dans une argille
griſe, près de Frankemberg dans le Pays

de Hesse : tels sont encore les prétendus *épis de bled* minéralisés, que l'on trouve dans les ardoises ou schistes du même canton.

» On les appelle *épis de bled*, dit M.
» Lehmann, & ils y ressemblent si parfai-
» tement, qu'on seroit tenté de croire
» que ce sont des épis de bled pétrifiés ou
» changés en mine d'argent; mais cela n'est
» point vrai. Cette mine d'argent, ajoute-t-
» il, n'est autre chose qu'une terre argil-
» leuse & calcaire, mêlée d'une très-petite
» quantité de *soufre* avec une portion un
» peu plus forte d'*arsénic* & d'argent. [Dans
ces prétendus épis de bled l'argent est minéralisé avec le cuivre & le soufre; c'est
par conséquent une espèce de *fahlertz*].
» Cette mine, continue M. Lehmann, a
» quelque ressemblance avec un épi de
» bled ; mais il faut de l'imagination pour
» trouver cette ressemblance bien parfaite.
» Les pointes ou barbes que l'on y apper-
» çoit se sont formées vraisemblablement
» lorsque la matière étoit encore fluide &
» molle. Ces épis prétendus contiennent
» assez d'argent, & j'en possede un morceau
» sur lequel il se trouve de l'*argent natif.*
» Wolfart, (dans son *Hist. natural. Hassiæ*
» *infer. part. I. p. 35.*) assure que cette
» mine donne 50 marcs d'argent au quintal.

» Je n'ai pas pu vérifier ce fait, attendu que
» je n'en avois que deux morceaux. Cette
» mine d'argent eft propre aux couches, &
» ne fe trouve point dans les montagnes à
» filons. « (*Lehm. Couches de la terre , trad.
fr. p. 383 & fuiv. avec la figure des deux
morceaux que l'Auteur poſſédoit. Pl. IV.
fig. 3. A B.*)

P. 1. Quatre petits morceaux de *mine d'argent figurée* , de *Franckemberg*. De ces quatre
morceaux l'un imite un épi aſſez exactement
pour induire en erreur ceux qui n'examinent
les choſes que fuperficiellement. (C'eſt la
variété, appellée par Wallerius, *Minera argenti figurata ſpicam referens* , vel *ſpicæ fru-
menti metallicæ.* Min. 302. 1.)

M. Lehmann nie avec raiſon, que ce foient des
épis de bled pétrifiés ou minéraliſés ; mais c'eſt à
tort qu'il prend des figures ſi conſtantes pour de ſim-
ples jeux de la nature : il eſt aiſé de reconnoître dans ce
morceau la forme des *cônes & des écailles du Pin*, quoiqu'elles ſoient comprimées ; ce ſont ces écailles qui ont
été priſes pour les *pointes* ou *barbes* des prétendus épis
de bled.

Le ſecond morceau ne me paroît être auſſi
qu'une écaille minéraliſée de quelqu'eſpèce
d'arbre conifere : elle eſt feulement un peu
déformée & remplie d'une terre argilleuſe
griſe.

Ce ſont peut-être de pareils fragmens qui ont été
pris pour des *inſectes ailés.* (*Minera argenti figurata
argillacea , inſecta alata repræſentans.* Wall. min. 302. 2.

Enfin les deux autres fragmens font inconteſta-
blement du *bois minéraliſé*, dont on diſtingue
encore les fibres & les nœuds ou inſertions.
Le plus grand de ces morceaux montre à
l'une de ſes extrêmités de petites parcelles
d'*argent vierge*.

On ſçait qu'il n'eſt pas rare de trouver des ſubſtances végétales parmi les ardoiſes; auſſi M. Lehman a-t-
il ſoin de remarquer que la mine dont il s'agit, ne ſe
rencontre que dans les couches, & nullement dans
les montagnes à filon.

ESPÈCE XVI.

Mine d'Argent alkaline. Q.

Il y a quelques années que M. de Juſti
prétendit avoir découvert à Annaberg,
dans la Baſſe-Autriche, de l'*argent minéraliſé par les alkalis fixe & volatil* : ſuivant
lui, cette mine ne ſe diſtingue des pierres
calcaires ordinaires, ni par ſa peſanteur,
ni par ſa forme, ni par aucune marque extérieure. Le feu agit ſur elle comme ſur la
pierre à chaux ; elle eſt parſemée de petites
taches bleues & vertes qui pourroient y
faire ſoupçonner du cuivre, tandis qu'il
n'y en a pas la moindre parcelle ; elle ne
perd rien de ſon poids lorſqu'elle a été
grillée par le feu, même le plus vif; enfin,

on n'y trouve pas le moindre veſtige de ſoufre ni d'arſénic. Cette mine eſt, dit-il, très-riche ; car la commune contient ordinairement 3, 4 & juſqu'à 6 marcs d'argent par quintal : la bonne en rend juſqu'à 20 marcs & quelquefois plus. L'*argent natif*, que cette mine contient ſouvent en aſſez grande quantité pour qu'on puiſſe l'y diſtinguer à la ſimple vue ou avec le ſecours du microſcope, n'eſt pas ce qui en fait la richeſſe, puiſque les morceaux les plus riches ſont toujours ceux qui, tirans ſur le blanc, ſont mous & caſſans, qui paroiſſent compoſés par-tout de parties homogênes, & dans leſquels ni la ſimple vue, ni le ſecours du microſcope ne font appercevoir aucune portioncule d'argent ſenſible : » il faut donc, continue-t-il, » que l'argent y ſoit mêlé intimement avec » une ſubſtance qui l'a privé de la *métalléité* » & qui ſe cache à nos yeux.

M. de Juſti prétend que cette ſubſtance minéraliſante eſt l'*alkali minéral* ; mais, comme il cite en preuve de ſon ſentiment la *Lune cornée* des Chymiſtes, & la *mine d'argent cornée* (☽ C.) qu'il croit auſſi minéraliſée par le même alkali, tandis que c'eſt l'Acide marin qui ſe trouve dans ces deux mixtes, il y a lieu de douter de la réalité de ſa découverte, & il faut attendre, pour adopter cette eſpèce, des preuves plus déciſives que celles qu'il a fournies. (*Voyez la ſeconde partie de ſon Journal, qui a pour titre :* Nouvelles Vérités, *en Allemand, & l'analyſe qui s'en trouve dans le 3ᵐᵉ vol. des Mélanges d'Hiſt. nat. p. 326 & ſuiv.*

CUIVRE. ♀ *Venus Chymicorum : Meretrix Metallorum.*

ESPÈCE I.

CUIVRE PRÉCIPITÉ OU DE CÉMENTATION. A. { *Cément-Kupfer* des Allemands.

Cuprum præcipitatum suprà ferrum arenoso-coalescens. Syst. nat. XII. 143. n°. 1.

——— *nativum particulis conglomeratis, distinctis.* Cronst. min. 193. A. 2.

——— *purum ex solutione vitrioli præcipitatum.* Wall. min. 268.

——— *nudum ex aquis vitriolatis præcipitatum.* Wolt. min. 30.

——— *ex aquis præcipitatum, rubrum.* Carth. min. 69.

C'est un cuivre rougeâtre absolument pur, qui s'est précipité de lui-même, ou qui a été précipité à dessein d'une eau qui tenoit en dissolution du vitriol cuivreux. M. Cronstedt pense qu'on ne doit point faire de distinction entre le *cuivre natif* & le *cuivre précipité naturel*, parce que, suivant lui, tout cuivre natif provient d'un cuivre précipité, qui d'abord étoit friable & granuleux, mais qui avec le tems est devenu solide & malléable. Wallerius a

D

cru devoir en faire deux espèces distinctes. Voyez dans sa Minéralogie (*tome I. note de la page 502*,) les raisons sur lesquelles il se fonde.

♀ A. 1. *Cuivre précipité pur* en feuilles minces, flexibles & d'un jaûne rougeâtre, sans matrice : de *Finneberg* sur le Rhin. Ces feuilles ont été détachées du quartz auquel elles adhéroient : on les nomme aussi *Cuivre vierge en feuilles.*

Cuprum præcipitatum basi lapideâ. Wall. min. 268. 3. *Cuprum nativum foliaceum.* Wall. min. 267. 3. *Cuprum nativum superficiale & foliaceum.* Syst. nat. XII. 143. n°. 2. α. β.

♀ A. 2. *Cuivre précipité en croûtes granuleuses,* formées par l'aggrégation de petits grains de cuivre, obtenus des eaux cémentatoires de *Fahlun* par l'intermede du fer : c'est ce que l'on nomme proprement *Cuivre de cémentation.*

Cuprum præcipitatum sine basi. Wall. min. 268. 1. *Præcipitatur Fahlunæ ex aquâ vitriolicâ cupri.* Syst. nat. XII. 143. n°. 1.

♀ A. 3. *Cuivre précipité en grains,* rassemblés sous forme de grappe & mêlés d'une efflorescence cuivreuse verte, avec quelques portions du quartz qui leur servoit de gangue : de *Krasnavolok* en Russie.

C'est le *Cuivre vierge en grains & en grappes* de Wallerius. *Cuprum nativum granulatum & botryoides.* Wall. min. 267. 2 & 5.

♀ A. 4. Deux morceaux de Cuivre raffiné par la dernière fonte, ou *Cuivre rosette* de deux nuances différentes.

♀ A. 5. *Cuivre en cheveux*, provenant de la fonte des mines de *Saint Bel*, près de Lyon; il adhére en floccons à une matte de Cuivre.

♀ A. 6. *Scories du Cuivre*, mêlées de Charbon: elles réfléchiffent les plus vives couleurs & chatoyent comme la gorge de pigeon.

♀ A. 7. *Cuivre de Cémentation*, fous la forme d'un dépôt granuleux : de *Newfol* en Hongrie. Ces grains font autant de petits criftaux polygones, en cubes ou en parallèlepipedes dont les huit angles folides font tronqués, (*Tabl. Crift.* n°. 60.) Ils fe font dépofés les uns fur les autres en façon de dendrites, dont les extrémités inférieures trèsfines & très-rapprochées, rendent le deffous de ce dépôt rude au toucher comme une broffe.

ESPÈCE II.

C*UIVRE VIERGE ou NATIF* B. ⎰ *Gediegen-Kupfer* des All.

Cuprum nativum. Wall. min. 267.
———— *nativum folidum*. Cronft. min. 198. A. 1.
———— *nudum informe*. Syft. nat. IX. 182. n°. 1.
———— *nudum nativum mineræ inhærens*. Syft. nat. XII, 143 n°. 2.

Cuprum nudum nativum formæ variæ. Wolterſd. min. 30.

——— *nudum malleabile.* Carth. min. 69.

Ce Cuivre, dit Wallerius, n'eſt pas tout-à-fait ſi pur que le cuivre raffiné ; mais il l'eſt autant que celui qui a déjà paſſé une fois par le fourneau de fuſion : il s'en trouve néanmoins de plus pur.

♀ B. 1. *Cuivre vierge, ſolide, en pointes & en rameaux,* mêlé de quartz blanc : de *Finne-berg.* Sa ſurface eſt brune, cellulaire & rem-plie d'aſpérités.

Cuprum nativum dendroides. Wall. min. 267. 4. *Cuprum nativum germinans.* Syſt. nat. XII.143. n°. 2. ? (*Gewachſen-Kupfer* des Allemands).

♀ B. 2. *Cuivre vierge, ſolide & granuleux,* mêlé d'un peu de quartz, du même endroit que le précédent.

Le cuivre poſſede ici ſa couleur naturelle, & paroît plus pur que celui du n°. 1.

♀ B. 3. *Cuivre vierge ſolide* & en petites poin-tes ſaillantes, dans une mine de fer mêlée de Mine de cuivre terreuſe rouge, de Verd de cuivre granuleux & de ſpath calcaire, des mines du Baron de Fiſcher : à *Kaumſ-dorf* en Thuringe.

Voyez le Catal. raiſon. de 1772, n°. 1219 & ſuiv.

♀ B. 4. Autre morceau de la même eſpèce ;

poli d'un côté pour rendre plus fenfibles les parties qui font à l'état de *Cuivre natif*. Le fpath calcaire qui s'y rencontre eft criftallifé en prifmes qui fe concentrent.

♀ B. 5. *Idem*, plus petit ; le Cuivre natif eft coloré à fa fuperficie par le fer avec lequel il eft mêlé.

♀ B. 6. *Cuivre vierge en feuilles* affez épaiffes, dans du quartz : d'une mine à deux lieues de *Bonn*, Electorat de Cologne.

♀ B. 7. Petit morceau de Cuivre en rameaux flexibles, articulés, formés par des octaëdres implantés les uns fur les autres, comme l'argent vierge en végétation de Sainte-Marie aux - Mines. Cette curieufe ramification, qui eft chatoyante & d'un éclat, fingulier, vient de *Saint Bel* en Lyonnois. Elle me paroît être un produit de l'art.

La fonte de fer prend cette même forme en fe criftallifant par le réfroidiffement. Voyez ♂ A. 4.

ESPÈCE III.

MINE DE CUIVRE VITREUSE ROUGE. C. { *Rothen-Kupfer-ertz* *Roth- Kupfer - glaf* des Allemands. }
ou Mine rouge de Cuivre.

Minera cupri rubra feu vitrea rubra. Auctor.
Minera cupri calciformis pura, friabilis vel indurata colore rubro. Cronft. min. 194. a. 3. & 195. a.

Cuprum nativum cryſtallifatum. Wall. min. 267. 1.

———— *teſſulatum nudum.* Syſt. nat. IX. 182. n°. 2.

———— *cryſtallinum* feu *cryſtallifatum octaëdrum.* Syſt. nat. XII. 143. n°. 3.

———— *nativum cryſtallinum, cryſtallis octaëdris.* Carth. min. 70.

———— *rubrum ferè nudum.* Wolterſdoff, min. 30.

———— *rubrum ochraceo-induratum.* Syſt. nat. XII. 145. n°. 9.

Ochra cupri vitrati pulverea, obſcurè ferruginea. Ibid. 193. n°. 6.

Cette mine rare eſt ou ſolide & criſtalliſée, ou en filets ſuperficiels d'un rouge vif, ou terreuſe couleur de cinabre : on la rencontre preſque toujours avec du cuivre natif, dont elle ne differe que très-peu ; auſſi rend-elle juſqu'à 60 & 70 livres de cuivre par quintal. On en diſtingue deux variétés principales ; la première (nommée *mine de Cuivre vitreuſe rouge* quand elle eſt ſolide ou criſtalliſée, & *fleurs de Cuivre rouges* quand elle eſt fibreuſe ou ſtriée) eſt ce même cuivre natif privé d'une portion de ſon phlogiſtique, & tendant à ſe décompoſer par l'effloreſcence. La ſeconde, (nommée *mine de Cuivre terreuſe rouge*) provient de la décompoſition de la première, & peut-être regardée comme une eſpèce particulière, puiſqu'alors le cuivre eſt totalement privé de ſon phlogiſtique & à l'état d'ochre ou de chaux. Il y a lieu de croire que Wallerius n'avoit point vu cette *mine rouge de Cuivre*, puiſqu'il s'exprime ainſi dans ſa Minéralogie (*vol. 1. pag. 523. Obſerv. 2.*) » M. Henckel & quelques » autres Naturaliſtes parlent d'une *mine* » *rouge de Cuivre* qu'on trouve a Freyberg » en Saxe, qui a la couleur du cinabre » (♀ C. 4.) & qui eſt remplie de petites » ſtries (♀ C. 2.) ce qui l'a fait appeller par » les uns fleur de cuivre (*flos cupri*) & verre » de cuivre (*Kupfer-glaſſ*) par d'autres ; » ils ajoutent même qu'il y a une *mine* » *rouge & tranſparente de cuivre* qui reſſem- » ble à la mine d'argent rouge (♀ C. 2.); » mais, pour dire ce qui en eſt, la première » de ces mines n'eſt autre choſe qu'une » mine jaune de cuivre qui a de l'ochre à » l'extérieur & qui conſerve ſa couleur » intérieurement ; & la dernière eſt ou un » *Cuivre vierge enduit d'une eſpèce de ver-* » *nis ou de croûte* (en cela ſeul Wallerius » a rencontré juſte) ou peut-être eſt-ce » une mine de cuivre vitreuſe «. M. de Bomare a copié l'erreur de Wallerius, quant à la première de ces mines, dans ſa Minéralogie, (*vol. 1. p. 185.*) C'eſt auſſi d'après Wallerius qu'il avance (*ibid. p. 178*) que le cuivre prend dans fa mine toutes les couleurs *excepté le rouge vif & tranfpa-rent ;* ce qui eft contredit par les morceaux décrits ci-après.

♀ C. 1. Un morceau de Cuivre natif, char-gé de *mine de Cuivre vitreufe rouge*, fuperfi-cielle & en petits criftaux octaëdres alumi-niformes (Tabl. Crift. n°. 79.) Il a pour gangue un peu de quartz friable, & vient des mines de *Cornouailles*, en Angleterre.

    Hoc ferè nudum octaëdrum planis trigonis Syft. nat. XII. 143. n°. 3. Voyez le Catal. raif. de 1769, art. 422 & 423; & celui de 1772, n°. 1208.

    M. Lehmann dit que cette mine rouge de cuivre fe trouve dans la mine de Prédannah, dans la Province de Cornouailles, & que fa couleur, fon tiffu & fes crif-taux font qu'elle reffemble parfaitement à la mine d'argent rouge. (*Art des Min. métall.* p. 121.)

♀ C. 2. Autre morceau de la même rareté que le précédent , dans lequel la *mine de Cuivre vitreufe rouge*, eft en fibres ou pe-tit filets, logés dans les interftices, ou réunis en forme de croute mince à la fuperficie d'un Cuivre natif mammelonné, mêlé d'un peu de quartz : du *Duché de Wirtemberg.* Ce morceau curieux fait voir la mine rouge de Cuivre dans fes trois états : la plus grande partie qui forme l'enduit de la fuperficie, eft ce que l'on nomme *fleurs de Cuivre rou-ges* : une autre partie eft en petits criftaux tranfparens qui ont la couleur & l'éclat de la mine d'argent rouge : enfin il y en a auffi une portion à l'état d'ochre ; cette derniere eft d'un rouge mat.

» Lorſque les grains de cuivre paroiſſent tout rou-
» ges dans la minière, dit Wallerius, on les nomme
» *fleurs de cuivre*. (Miner. p. 501.) « C'eſt la *mine
de cuivre en plumes* de Gellert, & peut - être le *cuivre
natif en cheveux* de M. Monnet. Expoſ. des Min. p.
29 & 31.

♀ **C. 3.** *Mine de Cuivre vitreuſe rouge*, ſolide
& criſtalliſée dans une pierre argilleuſe mêlée
de verd de montagne : du même endroit que
la précédente.

Voyez le Catal. raiſ. de 1772. art. 1214, 1227 & 1228.

♀ **C. 4.** *Mine de Cuivre terreuſe & granuleuſe,
d'un rouge mat*, mêlée de verd de montagne, ſur du cuivre vierge, auquel adhére
un peu de quartz friable : de *Finneberg*. On
diſtingue ſur ce morceau quelques parcelles
très-fines de mine de cuivre vitreuſe rouge, leſquelles n'ont point encore perdu leur
brillant.

 Hoc rubrum aut hepatico colore. Syſt. nat. XII. 145.
n°. 9. *Voyez le Catal. raiſ. de 1772. art. 1239 & ſuiv.*
On doit ſans doute rapporter ici l'ochre cuivreuſe ou
mine de cuivre d'un brun rouge, qui ſe trouve près d'Igla
dans la mine de Stermina, & qui contient, ſuivant M.
Lehmann, environ 30 livres de cuivre par quintal.

♀ **C. 5.** *Cuivre natif*, dans la mine de Fer.
Ce morceau différe de celui qui a été décrit
ci-deſſus, ♀ B. 5. en ce que ſes cavités ſont
tapiſſées de *mine de Cuivre vitreuſe rouge* en
petits criſtaux octaèdres fort éclatans : de
Kaumsdorf en Thuringe.

ESPÈCE. IV.

MINE DE CUIVRE VITREUSE GRISE. D. *{ Falh - kupfer - glaf des Allemands.*

Metallum cupri canum. Auctor.
Cuprum sulphure mineralisatum. Cronst. min. 197.
—————— *vitratum seu mineralisatum pyritico- sum sectile canum.* Syst. nat. XII. 144. nᵒ. 6.
—————— *vitreum colore plumbeo.* Wall. min. 272. 3.

Cette mine, que l'on confond souvent avec la *mine de cuivre grise ordinaire* (♀ F.) ou avec celle que l'on appelle *blanche*, (♀ E. ☽ F.) en differe, suivant M. Cronstedt, en ce qu'elle est minéralisée par le soufre seul. Il en distingue deux variétés, que l'on trouve à Sunnerskog en Smolande; l'une solide & de figure indéterminée; l'autre cristallisée en petits cubes. Cette dernière, dit-il, se trouve souvent décomposée & changée en *azur de cuivre*. Les morceaux suivans m'ont paru être de cette espèce; mais la petitesse du volume ne m'a pas permis d'en faire l'essai.

♀ D. 1. *Mine de Cuivre vitreuse grise* mêlée

de mine de Cuivre terreuſe rouge & de verd
de montagne : de *Fiſchbach.*

Minera cupri ſulphurata ſolida, texturâ indeterminatâ,
Cronſt. min. 197. 1. a.

♀ **D. 2.** Petit filon de *mine de Cuivre vitreu-*
ſe griſe, ou de couleur de plomb, dont le
centre eſt à l'état de mine de cuivre hépatique, (♀ G.) de Suede.

♀ **D. 3.** Fragment d'un criſtal octaëdre de
mine de cuivre vitreuſe griſe; ſa ſurface eſt in-
cruſtée de malachite.

An *Minera cupri ſulphurata teſſelis conſtans minoribus*
Cronſt. min. 197. 1. b?

♀ **D. 4.** *Mine de Cuivre vitreuſe griſe*, dans
du ſpath calcaire : de *Lellen*, en Sibérie.

ESPÈCE V.

MINE DE CUIVRE
BLANCHE. E. { *Fahlertz* des Allemands.
appellée vulgairement *mine d'argent griſe* ou *mine de*
Cuivre-argent. ☽ F.

Aux Synonimes rapportés ci-deſſus on peut ajouter les
ſuivans.

Minera cupri alba. Auctor.
Minera cupri-lunæ pallida ſeu cuprum minera-
liſatum, durum, griſeum. Carth.
min. 70.
Cuprum pallido-griſeum ſplendens argenti dives.
Wolt. min. 30.

*Cuprum arſenico, ferro & argento mineraliſa-
tum, minerâ albeſcente.* Wall. min.
275.
——— *ferro & arſenico ſulphurato mineraliſatum.* Cronſt. min. 199. 3.
——— *albidum ſeu mineraliſatum, arſenicale
album.* Syſt. nat. XII. 145. nº. 8.
——— *argento & arſenico mixtum.* Gron.
ſuppl. 13. nº. 38.

Cette eſpèce eſt abſolument la même
que celle dont on a parlé ſous le nom de
mine d'argent griſe (☽ F.) ou ſi elle en differe en quelque choſe, ce n'eſt que par
une quantité de cuivre un peu plus conſidérable jointe à une plus petite portion
d'argent, qui manque même quelquefois.
Il eſt aſſez ordinaire de ranger celle qui en
contient parmi les mines d'argent, parce
que ce métal étant plus précieux que le
cuivre, c'eſt lui qu'on a principalement
en vue dans l'exploitation de cette mine,
dont le quintal rend le plus ſouvent 4 à 5
marcs d'argent ſur 16 à 20 liv. de cuivre.

Il y a une variété de cette eſpèce que
MM. Wallerius & Cronſtedt diſtinguent
de la *mine d'argent griſe* (☽ F.) & de la
mine de cuivre griſe (♀ F.) elle contient
plus de cuivre que la première de ces deux
mines, & plus d'arſénic que la ſeconde.
Wallerius dit qu'elle produit environ 40

livres de cuivre au quintal, & qu'elle reffemble affez à la *mine d'arfénic blanche*
(⚭ B.) mais qu'elle tire plus fur le jaune.
M. Cronftedt dit auffi qu'elle reffemble à
la pyrite arfénicale, mais qu'il n'a point vu
cette efpèce.

♀ E. 1. *Mine de Cuivre blanche* ou *d'un gris
clair*, folide & criftallifée comme les morceaux décrits ci-deffus, ☽ F. 1 & 3 : de
Saalfeld, en Thuringe.

♀ E. 2. Autre morceau de *mine de Cuivre
blanche folide*, dont la furface eft colorée
comme la queue de Paon. Elle a pour gangue, un fpath perlé blanc : auffi de *Saalfeld*.

♀ E. 3. *Mine de Cuivre blanche* ou d'un gris
clair, folide & prefque fans gangue ; du
Tirol : quelques endroits font de couleur
hépatique.

♀ E. 4. Autre mêlée de mine de Cuivre
jaune & de fauffe mine de Cuivre hépatique, dans le fpath compacte blanc : de
Saalfeld.

> La fauffe *mine de cuivre hépatique* (Efp. X.) eft une
> mine de fer due à la décompofition de la pyrite cui-
> vreufe que contient ce morceau.

♀ E. 5. *Mine de Cuivre blanche*, ou d'un gris
clair, mêlée avec mine de cuivre jaune ,
dans du quartz : de *Baygorri*, dans la baffe
Navarre.

> Cette mine rend 30 livres de cuivre par quintal , &
> depuis 2 jufqu'à 5 marcs d'argent.

♀ E. 6. *Mine de Cuivre blanche*, mêlée avec galêne, mine de plomb blanche, azur de cuivre granuleux, verd de montagne & quartz criftallifé : de *Langenheck*.

♀ E. 7. *Mine de Cuivre blanche*, de la variété qui reffemble à la mine d'arfénic blanche ou au *mifpickel* des Allemands. Elle eft plus riche en Cuivre, & plus arfénicale que les précédentes. Sa gangue eft le fpath calcaire : de *Nohfeld*.

> Cette mine a rendu à l'effai 35 livres de cuivre par quintal : elle eft minéralifée par le foufre & l'arfénic, & ne contient point d'argent.

♀ E. 8. Mine de Cuivre blanche ou d'un gris clair, folide & criftallifée, dans le fpath perlé blanc : de *Saalfeld*.

♀ E. 9. Autre mêlée de mine de cuivre jaune & de fauffe mine de cuivre hépatique, avec mine de Cobalt noire fuperficielle, dans le fpath compacte : auffi de *Saalfeld*.

ESPÈCE VI.

MINE DE CUIVRE GRISE. F. { *Falk-kupfer-ertz* } { *Grau-kupfer-ertz* } des All.

Minera cupri grifea. Auctor.

Minera cupri pyritacea grifea. Cronft. min. 198. a.

Cuprum mineralifatum pyriticofum cinereum. Syft. nat. XII. 144. n°. 7.

Cuprum obscurè griseum splendens argenti pauper.
Wolt. min. 30.
—————— *mineralisatum, minerâ fracturâ parum
nitente cinereâ vel nigrâ, durâ.*
Wall. min. 273.
—————— *mineralisatum, durum, subfuscum.* Carth.
min. 70.

Cette mine differe de la précédente en ce qu'elle est plus riche en cuivre & plus pauvre en argent ; le soufre y domine aussi davantage ainsi que le fer : c'est donc, à proprement parler, une mine de cuivre pyriteuse qui, par des altérations successives, passe à l'état de *mine de cuivre vitreuse azurée & hépatique* (♀ G.) à celui d'*azur de cuivre* (♀ N.) &c. Swab dit qu'elle contient souvent la moitié de son poids de cuivre. Suivant les essais de M. Sage, elle donne par quintal 25 livres de soufre, 3 livres d'arsénic, 36 livres de fer, 33 liv. de cuivre, & un marc deux onces d'argent. On sépare le soufre & l'arsénic par la calcination ; le fer par la sublimation avec le sel ammoniac ; & l'argent par la coupelle. *Elém. de Min. doc. p. 219.*

♀ F. 1. *Mine de Cuivre grise*, mêlée de mine de cuivre hépatique, avec quartz friable & verd de montagne : de Saxe,

Minera cupri grisea cana. Wall. min. 273. 1.

♀ F. 2. *Mine de Cuivre grise* solide, tirant sur

le brun, entre deux couches minces de verd de montagne : des Pyrénées.

Son paſſage à la mine de cuivre hépatique & vitreuſe eſt indiqué par le glacé de ſa ſurface.

Minera cupri griſea nigreſcens. Wall. min. 273. 2.

♀ F. 3. Autre, plus luiſante dans ſes fractures que la précédente. Sa gangue eſt le ſpath calcaire.

♀ F. 4. *Mine de Cuivre griſe ſolide*, preſque noire : de *Saxe*. Elle approche beaucoup du Cuivre hépatique.

ESPÈCE VII.

Mine de Cuivre vitreuse hépatique & azurée. G.   *Kupfer-glas-ertz Lazur-kupfer-glas* des Allemands.

Cuprum lazureum. Auctor.

Cuprum vitreum ſeu *minera cupri vitrea, fracturâ plus minusve nitente.* Bertr. dict. oryct.

Minera cupri pyritacea lazurea. Cronſt. min. 198. b.

Cuprum mineraliſatum, minerâ, fracturâ nitente, fragili. Wall. min. 271.

—— *mineraliſatum, minerâ, fracturâ obſcurè nitente, molli.* Wall. min. 272.

—— *mineraliſatum pyriticoſum rubro - azureum, durum.* Syſt. nat. XII. 144. nº. 5.

—— *purpureum* ſeu *purpuraſcens.* Syſt. nat. IX. 182. nº. 5.

Cuprum

Cuprum violaceum. Gron. fuppl. 12. nº. 14-28.
——— *nigricans , fplendore plerumque violaceo.*
Wolt. min. 30.
——— *mineralifatum duriufculum , violaceum ,
nitens.* Carth. min. 70.
Mine de cuivre hépatique ou couleur de foie.
Sage , Elém. de min. doc. p. 219.

Cette efpèce provient de l'altération qu'a éprouvée la mine précédente, en perdant l'arfénic & une partie du foufre qui la minéralifoient. En effet , les fubftances métalliques s'y rencontrent à peu près dans la même proportion , mais la quantité des fubftances minéralifantes eft beaucoup moindre. C'eft à la diffipation de ces fubftances que font dues les couleurs pourpre & azurée, ainfi que l'efpèce de glacé qu'on obferve à fa furface. La variété & l'intenfité des couleurs dépendent du dégré d'altération que cette mine a reçu. Souvent elle eft d'un brun hépatique ou de couleur de foie dans l'intérieur, quoiqu'azurée à l'extérieur. Ses fractures récentes font quelquefois rouges comme le cuivre rofette le plus pur, quelquefois plus obfcures. Il n'eft pas rare de trouver fur le même morceau, le paffage de la *mine de cuivre grife* (♀ F.) à la mine dont il s'agit. Wallerius dit que cette mine azurée, rend jufqu'à 80 livres de cuivre par quintal : Lehmann dit 50 à 60 ; Cronſtedt, 40 à 50, & enfin M. Sage, 30 ſeulement avec un marc d'argent. Elle ne perd, ſuivant lui, par la calcination, que 4 livres par quintal, & le culot qu'on obtient par la réduction eſt un mêlange métallique blanc & fragile, compoſé de fer, de cuivre & d'argent. Il réſulte de la variété de ces produits, que cette mine eſt plus ou moins riche, ce qui lui eſt commun avec la plupart des mines qui ont déja éprouvé quelqu'altération dans le ſein de la terre.

♀ **G. 1.** *Mine de Cuivre vitreuſe ſolide*, azurée & hépatique : deux morceaux ſans matrice : de *Finneberg*.

    Cuprum lazureum cœruleum. Wall. min. 271.1.
    Cuprum vitreum cœruleum. Wall. min. 272 1.

♀ **G. 2.** *Mine de Cuivre vitreuſe, tirant ſur le violet*, mêlée de mine de cuivre jaune & hépatique, avec quartz & verd de cuivre : de *Bisbersklack*, en Suede.

    Cuprum lazureum violaceum Wall, min. 271. 3.
    Cuprum vitreum violaceum. Wall. mir. 272. 2.

♀ **G. 3.** *Mine de Cuivre hépatique & vitreuſe*, avec quartz grenu blanc dans ſes cavités : de Bohême.

♀ **G. 4.** *Mine de Cuivre hépatique & vitreuſe*, d'un gris clair, avec une veine de ſpath calcaire & du verd de cuivre ſtrié ſuperficiel : de Hongrie.

Cuprum lazureum griseum. Wall. min. 271. 4. Sa couleur, dit Wallerius, tire un peu sur le rouge; quand on la casse, elle brille quelquefois comme de l'argent.

☿ G. 5. Deux autres petits morceaux, dont le glacé est très-vif. Ils sont incrustés de verd de montagne.

☿ G. 6. *Mine de Cuivre hépatique & vitreuse,* où la couleur rouge-brune domine davantage; les cavités dont ce morceau est parsemé, sont incrustées les unes de petits cristaux d'azur de cuivre, brillans comme des saphirs, les autres de verd de cuivre mammelonné, avec spath compacte blanc : de *Saalfeld.*

On prétend que cette mine rend 70 livres de cuivre au quintal. *Cuprum lazureum fulvum.* Wall. min. 271. 2.

☿ G. 7. Plusieurs fragments du même morceau, où l'on voit le passage de la mine de cuivre grise à la mine hépatique ou vitreuse.

☿ G. 8. *Mine de Cuivre hépatique & vitreuse,* brune, mêlée d'ochre martiale & de verd de montagne.

☿ G. 9. Autre, *azurée & chatoyante,* mêlée de malachite, de terre martiale & de quartz très-divisé; de *Tepeiveller,* dans l'Electorat de Trèves.

Cette mine produit 55 livres de cuivre par quintal.

☿ G. 10. Autre plus décomposée, mêlée aussi de malachite, dans une gangue gypseuse.

E ij

Elle a rendu à l'effai 50 livres de cuivre par quintal fans argent.

♀ G. 11. *Mine de Cuivre hépatique*, mêlée de pyrite cuivreufe, de fauffe mine de cuivre hépatique, & de verd de cuivre ftrié & mammelonné, dans du quartz : de l'Electorat de Trèves.

ESPÈCE VIII.

MINE DE CUIVRE JAUNE. H. { *Gelb-kupfer-ertz* des Allemands.

ou Pyrite cuivreufe. (♁ E. F.)

Minera cupri flava aut lutea. *Chalco-pyrites feu pyrites flavus.* } Auctor.

Minera cupri pyritacea flavo-viridefcens. Cronft. min. 198. c.

Cuprum fulphure & ferro mineralifatum, minerâ colore aureo vel variegato, nitente. Wall. min. 276.

——— *fulphure, arfenico & ferro mineralifatum, minerâ colore ex flavo viridefcente.* Wall. min. 278.

——— *mineralifatum pyriticofum fulvum.* Syft. nat. XII. 144. n°. 4.

——— *mineralifatum duriufculum faturatè luteum, nitens.* Carth. min. 70.

——— *luteum fplendens.* Wolt. min. 30.

Mine de cuivre commune. *Monn. Expof. des Min. p.* 64.

Quand cette mine n'a fubi aucune altération, elle est d'un jaune vif & éclatant, qui tire sur la couleur de l'or ; mais par l'action du soufre qui la minéralise & qui tend à se dégager, elle est souvent panachée des plus vives couleurs rouges, bleues, vertes & violettes. Ce sont ces couleurs qui lui font donner les noms de *mine de cuivre queue de paon*, ou de *mine de cuivre gorge de pigeon*, si sa surface est chatoyante. Les mines de cuivre où se rencontrent ces couleurs vives & variées, sont beaucoup plus tendres & plus friables que celles qui sont purement jaunes ; ce qui est un indice de l'altération qu'elles ont éprouvée dans leur tissu. Lorsque la décomposition est plus avancée, le fer dégagé du cuivre avec lequel il étoit mêlé, se montre sous la forme de taches rouges-brunes ou de couleur de rouille, que j'ai nommées *fausse mine de cuivre hépatique*, (♀ K.) parce qu'elle imite la vraie *mine de cuivre hépatique* (♀ G.) & qu'elle l'accompagne souvent. Le cuivre dissous & minéralisé de nouveau, par *l'Alkali volatil* qui résulte de la décomposition de la pyrite cuivreuse, se dépose dans les cavités de la mine décomposée & les incruste, tantôt sous la forme de petits cristaux azurés (♀ N.) tantôt en aiguilles ou en mammelons du plus beau vert (♀ O.)

E iij

Ces différens dégrés d'altération ou de décompofition, rendent le produit de cette mine fort inconftant. Celle qui eft folide & compacte, donne, fuivant Wallerius, 40 livres de cuivre par quintal. M. Sage dit n'en avoir obtenu que 19 livres : Henckel 20 livres, & M. Monnet depuis 16 jufqu'à 25 ou 30 livres. Plus cette miné eft décompofée, moins elle contient de foufre ; le fer y entre toujours en affez grande quantité : cependant M. Monnet dit en avoir examiné un morceau venant de Baygorri en baffe Navarre, qui n'en contenoit pas du tout.

♀ H. 1. *Mine de Cuivre jaune, folide*, ou Pyrite cuivreufe jaune, informe, dans de l'amiante : de *Nordberg*, en Suede.

Elle fait feu avec le briquet ; réduite en poudre, le fer qu'elle contient fe montre attirable à l'aimant, ce qui prouve qu'il n'y eft point combiné, mais feulement interpofé ; de-là les changemens qui arrivent à cette efpèce. *Minera cupri flava folida*. Wall. min. 276. 1.

♀ H. 2. *Mine de Cuivre d'un jaune vif*, en criftaux dodécaëdres, dont les plans font pentagones. (*Tabl. Crift.* n°. 108.) Sa gangue eft un quartz grenu rempli des mêmes marcaffites, mais beaucoup plus petites : de *l'Ifle d'Elbe*. Plus deux marcaffites folitaires du même éclat, l'une dodécaëdre à plans pentagones ; l'autre à 14 facettes ou en cube dont les 8 angles folides font tronqués.

Je ne place ici ces marcaffites cuivreufes qu'à caufe de la vivacité de leur couleur d'or, laquelle n'eft pas toujours un indice fûr de l'abondance du cuivre dans les pyrites, puifque celles-ci en contiennent beaucoup moins que de foufre & de fer : ce dernier s'annonce à la furface de quelques unes par fa couleur hépatique.

♀ H. 3. *Mine de Cuivre folide d'un jaune verdâtre*, mêlée de fauffe mine de cuivre hépatique & d'un peu de quartz : de *Plan-ché-les-mines*, en Franche - Comté.

Quoique cette mine ait déjà éprouvé quelqu'altéra-tion, elle eft encore affez dure pour faire feu avec le briquet. *Minera cupri viridefcens colore fortius flavo.* Wall. min. 278. 1.

♀ H. 4. Un morceau en deux parties, où la *mine de Cuivre d'un jaune verdâtre* offre auffi des couleurs *d'azur* qui chatoyent comme la gorge de pigeon, dans une gan-gue quartzeufe : de *Sainte-Marie aux-Mines*.

♀ H. 5. *Idem*, avec galêne & fpath vitreux : de *Freyberg*.

♀ H. 6. *Mine de Cuivre d'un jaune verdâtre* en partie criftallifée & colorée comme la *queue de paon* : elle eft chargée de petits crif-taux de roche : de *Giromagni*, en Alface.

♀ H. 7. *Mine de Cuivre jaune verdâtre*, où la nuance de verd eft plus foncée que dans les précédentes : de Bohême.

Elle ne fait point feu avec le briquet ; ce qui joint à la *Malachite* dont elle eft incruftée en quelques en-droits & à la vivacité des couleurs qu'on remarque en quelques-autres, prouve une décompofition plus avan-cée. *Minera cupri viridefcens colore fortius viridi.* Wall. min. 278. 2.

E iv

♀ H. 8. Autre, auffi très-friable, dans du quartz mêlé d'une pierre talqueufe grife qui fert de matrice à des grenats à 24 facettes : de Bohême. Rare.

Ces grenats font tranfparens & de la nuance qui leur fait donner par les Joailliers le nom de *Vermeille*.

♀ H. 9. Quatre morceaux de *Mine de Cuivre jaune & colorée* comme la queue de paon, la plûpart mêlés de verd de cuivre & plus ou moins friables, dans des gangues quartzeufes : de *Baygorri* près de Bayonne.

♀ H. 10. *Mine de Cuivre d'un jaune verdâtre*, mêlée avec marcaffites cuivreufes dodécaëdres (♀ H. 2.) dans un fpath perlé blanc ou légérement coloré, où elle forme des taches & des dendrites, qui ont fait donner à cette variété le nom de *tigrée* : de *Kaumsdorf* en Thuringe.

On remarque fur différentes faces du morceau les divers degrés d'altération que cette mine a éprouvés en paffant du jaune vif au mélange de pourpre & d'azur, dit *queue de paon*.

♀ H. 11. *Mine de Cuivre tigrée* du même endroit que la précédente, mais plus décompofée. Les couleurs jaune & azurée font ici prefque totalement détruites, & remplacées par la couleur brune de la *fauffe mine de Cuivre hépatique*, c'eft-à-dire, par celle du fer que le cuivre enveloppoit dans l'état précédent.

Les petites marcaffites cuivreufes dodécaëdres dont cette mine eft parfemée, ne paroiffent point avoir éprouvé d'altération ; elles ont confervé leur belle cou-

leur jaune & leur éclat ; mais la gangue de *spath perlé* a
passé, en quelques endroits, à l'état de *mine de Fer
spathique grise & brune*. (♂ P.)

♀ H. 12. Petit morceau de *Mine de Cuivre
tigrée*, intéressant en ce qu'il réunit à l'état
primitif de cette mine tous les dégrés
d'altération dont on a parlé dans les deux
articles précédens.

♀ H. 13. Deux morceaux dans lesquels la
mine de cuivre en dendrites, décomposée a
sa surface, est colorée en brun par le fer.

> Le *spath perlé* qui lui sert de gangue, n'a été décom-
> posé qu'en partie dans l'un de ces morceaux ; dans l'au-
> tre, il est en entier à l'état de *mine de Fer spathique
> grise*. (♂ P.)

♀ H. 14. *Mine de Cuivre tigrée jaune & colorée*, différente de celles qui précédent par
sa gangue, qui est un amas de petits cristaux de roche à deux pointes ; de *Brouck-
hauser-muhl*, Comté de Holtzapfel.

♀ H. 15. *Mine de cuivre jaune*, presqu'entièrement décomposée ou à l'état de *fausse
mine de cuivre hépatique*, dans une gangue
quartzeuse en partie cristallisée ; de la mine
du *Charbonnier*, au *Tillot*.

> Dans ce morceau, peu différent de célui dont il est
> parlé ci-après (Esp. X. Var. 1.) le cuivre a abandonné
> le fer auquel il étoit uni, & s'est cristallisé, dans des
> cavités, en aiguilles d'un verd soyeux & comme sa-
> tiné (Esp. XIV.)

♀ H. 16. *Mine de Cuivre jaune & colorée*,
mêlée de blende brune solide & cristallisée, dans une gangue quartzeuse dont les

cavités font remplies de petits criftaux de roche ; de *Zinnewald*, en Bohême.

♀ H. 17. Autre qui paffe à l'état de fauffe mine de cuivre hépatique : fa furface plus décompofée, eft chargée d'ochre martiale jaune.

♀ H. 18. *Mine de cuivre jaune folide ;* deux morceaux, l'un d'un jaune vif, l'autre nuancé des plus vives couleurs : de *S. Bel.*

ESPÈCE IX.

Mine de Cuivre d'un Jaune Pasle. J. { *Kupfer - kies* ou *Waffer-kies* des Allemands. }

ou Marcaffite cuivreufe. (♀ E. F.)

Minera cupri fubflava. } Auctor.
Pyrites fubflavus. }

Minera cupri pyritacea pallidè flava. Cronft. min. 198. d.

Pyrites cupri feu ferreo - cupreus. Syft. nat. XII. 115. n°. 6.

Cuprum fulphure, arfenico & ferro mineralifatum, minerâ colore pallidè flavo, parum nitente. Wall. min. 277.

Cette efpèce eft fi pauvre en cuivre, qu'on l'exclut ordinairement de la claffe des mines métalliques, pour la ranger au nombre des pyrites. (♀ E. F.) Cependant Mrs Wallerius & Cronftedt, difent qu'elle contient quelquefois affez de cuivre, pour mériter place parmi les mines de ce métal. Telle eft celle de Tunaberg en Sudermanie, qui rend 22 livres de cuivre par quintal. Cette efpèce ne differe de la précédente, qu'en ce qu'elle contient, pour l'ordinaire, beaucoup plus de fer & de foufre : elle rend, fuivant les effais de M. Sage, 13 livres de cuivre par quintal, & perd, par la calcination, 35 livres de foufre par cent de mine, tandis que cette perte n'excede quelquefois pas 9 livres dans les *mines de cuivre jaunes*. (♀ H.) Elle contient quelquefois un peu d'arfénic & pour lors fa couleur tire plus fur le blanc. En général, toutes les pyrites cuivreufes, font peu fujettes à fe vitriolifer ou à fe décompofer par la voie humide; mais on les trouve fouvent décompofées par la voie feche ; elles font alors à l'état de *mine de fer brune ou hépatique*. (♂ J.)

♀ J. 1. *Mine de Cuivre d'un jaune pâle*, en criftaux folitaires octaëdres, (*Tabl. Crift.* n°. 79.) des mines de *Louife*, en Weftmannie.

> Il s'en trouve fans doute de cette même forme, dont la couleur jaune eft plus foncée, puifque M. Cronftedt range ces criftaux avec la mine de cuivre d'un jaune verdâtre, en avertiffant que Henckel & fes partifans ont nié l'exiftence de ces criftaux.

Voyez les autres mines de Cuivre de cette

eſpèce, à l'article des Pyrites & Marcaſſites ci-après. (♁ E. F.)

ESPÈCE X.

MINE DE CUIVRE HÉPA- **TIQUE FAUSSE. K.** *ou* Pyrite hépatique. { *Leber-ſchlag* des Allemauds.

(Voyez *Mine de fer brune ou hépatique*, ci-après ♂ J.)

Minera cupri hepatica. Auctor.

——————— *pyritacea hepatica.* Cronſt. min. 198. e.

——————— *fulva ſeu hepatica.* Wolt. min. 30.

Cuprum ſulphure & ferro mineraliſatum, minerá pyriticoſâ fulvâ. Wall. min. 274.

Mine de cuivre brune. *Monn. expoſ. des min. p. 67.*

Mine de cuivre hépatique. *Wall. min. trad. fr. 274. Bomare. min. 2. p. 185. Bucq. Introd. 2. p. 252.*

Cette eſpèce, qu'il ne faut pas confondre avec la vraie mine de cuivre hépatique (♀ G.) n'eſt, à proprement parler, qu'une *mine de fer brune,* ou *d'un rouge ſombre,* due à la décompoſition de la *mine de cuivre jaune,* ou *pyrite cuivreuſe ordinaire* (♀ H.) Comme ces deux mines ſe trouvent ſouvent enſemble, on a donné à l'une & à l'autre l'épithete de *fulva ;* mais ſi l'on tire un peu de cuivre de cette espèce prétendue, on ne le doit qu'à une portion de la pyrite cuivreuse non décomposée qui l'accompagne, ou à la Malachite & au Verd de cuivre strié qui se rencontrent souvent dans ses cavités : tout ce qui, dans cette mine, est de couleur brune, hépatique ou rougeâtre, est absolument fer ; aussi contient-elle à peine 3 livres de cuivre par quintal, tandis qu'elle donne jusqu'à 40 ou 50 livres de fer cassant à chaud, à cause du soufre qu'il a reçu de la pyrite non décomposée, & dont on peut le débarrasser par une nouvelle fusion. M. Monnet observe (*expos. des min. P.* 75) que la véritable *mine de cuivre hépatique* (♀ G.) donne du cuivre noir à la premiere fonte, tandis que celle-ci donne seulement une matte chargée de soufre, de même que la mine de cuivre jaune, dont elle ne differe, selon lui, que par la couleur & parce qu'elle contient moins de soufre ; mais comme je viens de le dire, le peu de cuivre que donne cette mine hépatique, ne lui est point dû, à moins que sa décomposition ne soit que superficielle, & que l'intérieur soit encore à l'état de Pyrite cuivreuse.

♀ K. 1. *Fausse mine de cuivre hépatique* ou *mine de fer rougeâtre*, dûe à la décomposition d'une mine de cuivre jaune dont il reſte encore quelques portions légérement colo- rées. Les petites cavités qui s'y rencontrent ſont tapiſſées de *verd de cuivre ſatiné*, (♀ O.) mais une de ces cavités plus grande que les autres, eſt remplie de *malachite*, ou *verd de cuivre ſolide & mammelonné* (♀ M.) Cette croûte de malachite a 3 ou 4 lignes d'épaiſſeur : tout le morceau eſt entrecoupé de veines quartzeuſes criſtalliſées : du *Tillot*.

On peut remarquer les mêmes paſſages dans les mor- ceaux décrits aux Eſpèces VIII. var. 15. XI. var. 1. XII. var. 4. XIV. var. 3. &c.

♀ K. 2. *Pyrite cuivreuſe hépatique*, ou *mi- ne de fer brune criſtalliſée en cubes ſtriés*, dûe à la décompoſition d'une pyrite cuivreuſe tenant or ; de *Sibérie*. Voyez les morceaux décrits aux articles ☉ A. 3 & ♂ J. 4.

La couleur de la pyrite cuivreuſe eſt encore très-ſen- ſible dans le dernier de ces morceaux, dont la décom- poſition n'eſt pas complette comme elle l'eſt dans l'au- tre.

♀ K. 3. Marcaſſites cubiques liſſes, marcaſ- ſites octaëdres & marcaſſites à 14 facettes, dont la croûte ou partie extérieure décom- poſée eſt à l'état de *mine de fer brune* ou *hé- patique*. Voyez les articles ♂ J. 6 & ♂ J. 8.

ESPÈCE XI.

MINE DE CUIVRE VITREUSE NOIRE ou *couleur de poix*. L. { *Schwärts-kupfer-glas, Pech-ertz* ou *Pech-kup- fer-glas* des Allemands.

Minera cupri vitrea nigra. Auctor.

———————— *picea.* Henck. in mineral. rediv.

———————— *nigra, scoriis vitrefactis similis aut
picem nigram referens.* Gellert.

———————— *calciformis impura seu ochra veneris nigra, ferro mixta.* Cronst.
min. 196. a. 2.

Mine de cuivre en chaux d'un verd brunâtre,
matte & spongieuse. *Monn. Expos. des min.*
p. 69.

Cette espèce, qui est la *mine de cuivre
en scories* de Gellert, paroît provenir de
la décomposition des mines de cuivre pyriteuses, jaunes & grises (♀ F. G. H.)
qu'elle accompagne souvent ; mais elle en
diffère essentiellement, en ce qu'elle ne
contient ni soufre ni arsénic. On doit la
regarder comme une Malachite impure ou
imparfaite, par le mélange d'un peu de
fer, qui lui donne cette couleur d'un brun
verdâtre plus ou moins foncé qui la ca-
ractérise. Moins elle contient de fer, plus
sa couleur approche de celle de la Malachite pure. M. Cronstedt dit dans sa minéralogie (*sect.* 198. a.) que la mine de
cuivre grise décomposée & *devenue noire*,
est la plus riche des mines de cuivre pyriteuses, puisqu'elle rend depuis 50 jusqu'à 60 livres de cuivre par quintal : peut-
être n'a-t-il voulu parler en cet endroit,

que de la mine de cuivre hépatique vraie, dont la couleur tire quelquefois sur le noir. Quoiqu'il en soit, l'espèce dont il s'agit ici, n'est guere moins riche que la malachite. (♀ M.)

♀ L. 1. *Mine de cuivre vitreuse couleur de poix*, ou Malachite d'un brun verdâtre plus ou moins foncé, mêlée de Malachite pure, d'un beau verd, sur de la mine de cuivre jaune, en partie décomposée & à l'état de fausse mine de cuivre hépatique : de *Steingraben* au val Saint Amarin en Alsace.

Henckel met cette mine au nombre des mines rares.

♀ L. 2. Autre morceau, des mieux caractérisés, dans lequel la *Mine de cuivre couleur de poix*, ou Malachite d'un brun verdâtre plus ou moins foncé, est mêlée d'azur de cuivre mammelonné & étoilé dont la couleur a presqu'entièrement passé au verd, (♀ N.) il reste encore quelques portions non décomposées de la Mine de cuivre grise qui a donné naissance à cette malachite. La partie décomposée est à l'état de mine de cuivre terreuse d'un jaune verdâtre (♀ R.) à cause du verdet naturel dont l'ochre martiale se trouve mêlée.

♀ L. 3. Autre morceau dont la plus grande partie est *Malachite ordinaire*, mêlée d'un peu de *malachite brune tenant fer*, sur une fausse mine de cuivre hépatique parsemée de verdet naturel : des *Pasquieres du Roi*, en Roussillon.

♀ L. 4.

♀ L. 4. Un morceau curieux par la réunion des divers dégrés d'altération qu'éprouve la mine de cuivre grife. On y voit 1°. cette mine dans fon état naturel & primitif (♀ F.) 2°. la vraie mine de cuivre hépatique (♀ G.) 3°. La fauffe mine de cuivre hépatique (♀ K.) 4°. La mine couleur de poix ou malachite impure. (♀ L.) 5°. La malachite pure ou d'un beau verd. (♀ M.) 6°. L'azur de cuivre pur en petits criftaux lamelleux bleu foncé & bleu célefte. (♀ N.) 7°. Le verd de cuivre pur provenant de l'efflorefcence des criftaux d'azur. (♀ O.) 8°. Enfin la mine de cuivre terreufe jaune ou l'ochre martiale mêlée de verdet naturel (♀ R.) Le tout a pour gangue un fpath compacte blanc : de *Konitz* près de Saalfed.

♀ L. 5. } Deux morceaux qui préfentent
♀ L. 6. } le paffage de la mine de cuivre grife , à la *mine de cuivre vitreufe couleur de poix*. Le premier eft compofé de mine de cuivre grife , de quartz pénétré par la mine de cuivre vitreufe d'un verd noirâtre , & de verd de cuivre granuleux dans fes cavités. Le fecond en différe en ce que le quartz eft prefqu'entièrement décompofé & pénétré par le cuivre à l'état de malachite plus ou moins pure : on y remarque auffi de grands feuillets de Mica , mêlés de verd de montagne : de *Zinnewald* , en Bohême.

Ces morceaux font analogues à ceux qui font décrits dans le Catal. raif de 1772. aux art. 1373. 1374. 1376, & 1377. Ils ont fait partie du même filon.

ESPÈCE XII.

*M*INE *DE CUIVRE VERTE SOLIDE &*
MAMMELONNÉE ou MALACHITE. M.

Grunen-kupfer-ertz ou *Malachit* des Allemands.

Cuprum viride. Syft. nat. IX. 183. n°. 7.
———— *viride gypfeum* feu *malachites.* Syft. nat.
XII. 146. n°. 15.
———— *viride compactum polituram admittens.*
Wolt. min. 30.
———— *arrofum, viride, durum, glabrum, nitens.*
Carth. min. 69.
———— *folutum vel corrofum, præcipitatum, viri-*
de, folidum. Wall. min. 269. 5. 7.
Minera cupri calciformis impura, indurata, viri-
dis. Cronft. min. 196. b. 1.

Cette efpèce provient de la décompofition des mines de cuivre jaune & grife.
Le cuivre qu'elles contenoient, ayant été
diffous & combiné dans fon état de chaux,
avec une matiere graffe quelconque, il
en réfulte uu *guhr cuivreux*, qui, fe dé-
pofant à la manière des ftalactites ou ftalagmites, dans les cavités de ces mines
décompofées (♀ K. 1.) y forme de
petits mammelons & quelquefois des maffes protubérancées affez confidérables,

dont le tiſſu eſt tantôt ſtrié du centre à la circonférence, tantôt par couches concentriques. C'eſt ce qu'on obſerve auſſi dans l'*hématite*, qui eſt une ſtalagmite du fer, comme la *malachite* en eſt une du cuivre. La couleur verte des Malachites ſtriées eſt aſſez uniforme, mais il y a ſouvent pluſieurs nuances de verd & de bleu dans celles qui ſont par couches. Cette mine rend, ſuivant les eſſais que M. Sage a faits de celle de Sibérie, 75 livres de cuivre par quintal, ce qui eſt bien différent des 15 *livres de cuivre* par cent auxquelles d'autres Minéralogiſtes avoient borné ſon produit. La vraie Malachite, loin d'être impure & gypſeuſe, comme M. Cronſtedt le prétend, eſt au contraire une des plus riches mines de cuivre que l'on connoiſſe. M. Sage a obſervé qu'elle perdoit, par la diſtillation, la quatrieme partie de ſon poids & devenoit noire. Le beau verd de cette mine de cuivre, la variété, la diſpoſition réguliere de ſes nuances, & le poli vif dont elle eſt ſuſceptible, l'ont fait placer autrefois parmi les pierres précieuſes du ſecond ordre ; mais ſon peu de dureté lui ôte beaucoup de ſa valeur, relativement aux ouvrages de bijouterie qu'on pourroit en faire.

♀ **M. 1.** *Malachite mammelonnée* d'un beau verd foncé, entremêlée de quartz grenu ou en très-petits criſtaux : de Sibérie. Les mammelons de cette malachite ſont veloutés à leur ſurface : dans leurs caſſures, ils paroiſſent ſtriés du centre à la circonférence ; on remarque auſſi différentes nuances de verd dans les couches concentriques qui les compoſent.

    Ærugo nativa ſolida vel globularis. Wallerius min. 269. 5 & 7.

♀ **M. 2.** *Malachite mammelonnée* à ſtries concentriques : ſa gangue eſt un quartz irrégulier, où l'on remarque deux criſtaux de roche d'un blanc mat (variété nommé *fauſſe hyacinte blanche*) avec un peu d'ochre martiale jaune.

♀ **M. 3.** *Malachite cellulaire & fibreuſe* , connue des curieux ſous le nom de *mine de cuivre ſoyeuſe ou ſatinée de la Chine.*

♀ **M. 4.** *Malachite ſolide & mammelonnée* , de Sibérie. Elle enveloppe une fauſſe mine de cuivre hépatique ou mine de fer rougeâtre abandonnée par le cuivre dont cette malachite eſt formée. (♀ K. 1.)

    Ce morceau a été poli ſur pluſieurs faces, pour faire voir les zônes de différens verds qui compoſent cette Malachite.

♀ **M. 5.** Autre, coupée par tranches : les veines onduleuſes des mammelons qui ont été polis ſont du plus beau verd.

♀ **M. 6.** Deux plaques de *Malachite*, d'un verd plus foncé & moins varié dans ſes nuances que les précédentes.

♀ M. 7. Un morceau intéreſſant par le paſſage qu'il préſente de l'azur de cuivre criſtalliſé à la Malachite. La dégradation de la
couleur bleue des criſtaux d'azur va par
nuances inſenſibles juſqu'au verd. Ce morceau, ſur lequel on remarque auſſi un peu
de malachite brune ſuperficielle, a pour
gangue un ſpath compacte blanc mêlé d'ochre
martiale : de *Saalfeld*.

ESPÈCE XIII.

*A*ZUR DE CUIVRE PUR, *OU FLEURS DE
CUIVRE BLEUES.* N. *Kupfer-blau* des Allem.

Azuthum, cæruleum æris, vel *cuprum lazureum*
Auctor.
*Cuprum ſolutum vel corroſum, præcipitatum, cæ-
ruleum.* Wall. min. 270. 3. 4.
——————— *cæruleum plumoſum.* Wolt. min. 30.
——————— *arroſum, cæruleum, durum, glabrum,
nitens.* Carth. min. 70.
——————— *arroſum, cæruleum, friabile, ſtriatum.
ſtriis è centro radiantibus.* Carth.
min. ibid.
Cuprigo vel ochra cupri germinans cærulea. Syſt.
nat. XII. 194. n°. 12.
Minera cupri calciformis pura, vel *ochra veneris
cærulea.* Cronſt. min. 194. a. 1.
Mine de cuivre azurée & tranſparente. *Sage
Elém. de min. doc. p.* 223.
Mine de cuivre en chaux bleue ou azurée.
Monn. Expoſ. des min. p. 67.

Cette espèce, qui , suivant M. Sage ,
est minéralisée par l'*alkali volatil* , provient, de même que la précédente, de la
décompofition des mines de cuivre pyriteufes jaunes & grifes. J'ai cependant
remarqué que l'*azur de cuivre pur & criftallifé* fe trouvoit plus fréquemment dans
les cavités des mines de cuivre grifes ou
blanches décompofées (♀ E. 6. ♀ G. 6.
♀ L. 4. &c.) que dans celles des mines
de cuivre jaunes ; tandis que le *verd de
cuivre pur & criftallifé* incrufte ordinairement les interftices des mines de cuivre
jaunes décompofées (♀ H. 15. ♀ K. 1. &c.)
Par l'altération lente qu'éprouve l'*azur de
cuivre* dans le fein de la terre, il paffe fouvent au verd & donne ainfi naiffance à la
malachite (♀ M.) & aux *fleurs de cuivre
vertes* (♀ O.) Mais ces deux dernieres
mines font auffi quelquefois produites immédiatement par la décompofition des
mines de cuivre jaunes, fans avoir paffé
par l'état d'azur de cuivre. Cet azur de
cuivre, lorfqu'il eft pur, n'eft pas moins
riche que la malachite , puifqu'il rend
comme elle, 72 à 75 livres de cuivre par
quintal. M. Monnet dit » qu'il y a des
» parties de cette mine très-riches en
» cuivre, dont quelques-unes rendent 40
» à 50 livres de cuivre par quintal ; que

» Cette mine donne, dès la premiere fonte,
» un cuivre noir, très-proche du cuivre
» raffiné & qu'ainsi la plupart de ces mines
» n'ont pas besoin de subir le grillage,
» avant que d'être fondues (*expos. des*
» *min. P. 68.*) » En effet, il n'y a jamais
d'arsénic dans ces mines alkalines, à moins
qu'il ne s'y trouve encore des portions de
la mine de cuivre blanche ou grise, qui
n'ayent point été décomposées.

♀ N. 1. *Azur de cuivre* en petits cristaux prismatiques, rhomboïdaux, dont les bords
sont en biseau. (*Ess. de crist. p. 365. var,* 1.
& 2.) Ces cristaux sont grouppés avec d'autres plus petits de mine de plomb blanche :
du *Hartz*.

♀ N. 2. Autres cristaux d'*Azur de cuivre*, fort
éclatans, dans du spath compacte en partie
pénétré par le cuivre : de Thuringe.

♀ N. 3. *Azur de cuivre lamelleux & étoilé*, mêlé
de mine d'argent grise, dans du quartz
en partie cristallisé qui a la couleur du saphir
d'eau : de *Bulach*, dans le Duché de Wirtemberg.

♀ N. 4. Quatre échantillons variés du même *Azur de cuivre* lamelleux & cristallisé,
mêlé de quartz : de *Bulach*.

♀ N. 5. *Azur de cuivre lamelleux*, superficiel,
sur du quartz : de *Freudenstadt*, dans le Duché de Wirtemberg.

F iv

♀ N. 6. Deux petits morceaux qui préfentent le paffage de la couleur bleue à la couleur verte. *L'azur de cuivre ftrié* fe change dans l'un en malachite, dans l'autre en verd de cuivre ftrié & fatiné. Leur gangue eft le quartz.

♀ N. 7. *Azur de cuivre granuleux*, dans les interftices & cavités d'un fpath compacté blanc : de *Saalfeld*.

♀ N. 8. Autre morceau de la même variété : on y remarque de plus le paffage de la mine de cuivre grife à la mine de cuivre hépatique, & celui de cette derniere à la mine vitreufe couleur de poix. Il s'y trouve auffi de la malachite pure, du verd de cuivre ftrié, & du verd de montagne mêlé d'ochre martiale : de *Saalfeld*.

♀ N. 9. *Azur de cuivre granuleux*, fuperficiel, fur du quartz : d'*Embs*, dans la principauté de Naffau.

♀ N. 10. *Idem*, avec une veine de mine de cuivre blanche & du verd de montagne mêlé d'ochre, dans le fpath compacté : de *Saalfeld*.

♀ N. 11. *Idem*, avec malachite, & mine de cuivre jaune mêlée de mine de cuivre hépatique & vitreufe : de *Brochaufen*, pays de Cologne.

♀ N. 12. *Azur & verd de cuivre*, mêlés d'ochre, avec mine de cobalt noire, dans le fpath compacte blanc : de *Saalfeld*.

♀ N. 13. *Idem*, avec mine de cuivre jaune & fleurs de cobalt granuleuses rouges.

♀ N. 14. *Azur de cuivre cristallisé & granuleux*, dont une partie a passé à la couleur verte : il est mêlé de petites aiguilles de mine de plomb blanche : de la mine de *Gluks-rade* à Zellerfeld au Hartz.

Voyez le Catal. rais. de 1772, N°. 888 & suiv.

♀ N. 15. Un bocal contenant des *cristaux d'azur de cuivre artificiels*, qui m'ont été donnés par M. Sage : ce Chymiste les a obtenus d'une dissolution de cuivre par l'alkali volatil : ils sont absolument semblables aux *cristaux d'azur de cuivre naturels*, décrits ci-dessus ♀ N. 1.

ESPÈCE XIV.

VERD DE CUIVRE PUR, ou FLEURS DE CUIVRE VERTES. O. { *Kupfer - atlas*, *Knospen* ou *Kupfergrun* des Allem.

Chrysocolla seu *flos cupri viridis.* Auctor.
Viride æris seu *cuprum viride plumosum.* Wolt. min. 30.
Cuprum solutum vel corrosum, præcipitatum, viride. Wall. min. 269. 8.
———— *arrosum, viride, striatum.* Carth. min. 70.
Ærugo nativa rasilis vel striata. Wall. min. 269. 1. 2. 8.

Ærugo vel ochra cupri germinans viridis. Syft. nat. XII. 194. n°. 11.

Minera cupri calciformis pura, vel ochra veneris colore viridi. Cronft. min. 194. a. 2.

Mine de cuivre en chaux verte. *Monn. Expof. des min,* p. 67.

Malachite ftriée & tranfparente. *Sage Elém. de min. doc.* p. 226. 9.

Mine de cuivre foyeufe de la Chine. *Sage ibid.* p. 226. 10.

Cette efpèce n'eft, à proprement parler, qu'une variété de la *Malachite* (♀ M.): elle en differe en ce qu'elle n'eft ni folide, ni compacte, mais fuperficielle & fibreufe ; elle provient fouvent de l'altération qu'a éprouvé l'*azur de cuivre* en perdant l'alkali volatil qui le minéralifoit ; ce qui fait paffer cette mine du bleu au verd. Telle eft celle qu'on trouve mêlée avec l'azur de cuivre à la furface & dans les cavités des mines de cuivre grifes décompofées. Mais quant à celle qui réfulte de la deftruction des mines de cuivre jaunes, elle me paroît avoir été verte dès fon origine : elle eft auffi d'un plus beau verd & plus régulière dans fa criftallifation que celle que l'on doit à l'altération des criftaux d'azur.

♀ O. 1. *Fleurs de cuivre vertes* ou *Verd de cuivre* en petits criftaux prifmatiques, tranfparens, couleur d'émeraude, concentrés en

mammelons veloutés & parsemés de mine
de plomb blanche, sur du quartz cellulaire en
partie cristallisé : du *Hartz*.

*An fluores pyramidales, rhomboïdeæ vel pentagonæ,
irregularis baseos, pellucidi, virescentes, flores cupri dicti ;
ex Tirolo.* Cappell. prodr. cryst. p. 23. tab. III. fig. 1?

♀ O. 2. *Mine de cuivre verte soyeuse* ou *sati-
née*, ou Verd de cuivre strié dont les nuances changent & reflettent comme la gorge
de pigeon, sur une ochre martiale dûe à la
décomposition d'une mine cuivre jaune : de
Voigtland.

*Cuprum arrosum viride, striis parallelis densè coadu-
nàtis, duriusculis.* Carth. min. 70. 1.

♀ O. 3. *Mine de cuivré verte soyeuse à fibres
divergentes*, ou Verd de cuivre étoilé superficiel, sur une mine de cuivre jaune, mêlée
de fausse mine de cuivre hépatique : de la
mine du *Charbonnier*, au *Tillot*.

*Cuprum arrosum viride, striis ex centro divergentibus,
friabilibus.* Carth. min. 70. 2. Voyez aussi les morceaux
décrits ci-dessus, Esp. X. var. 1. VIII. var. 15. &c.

♀ O. 4. *Verd de Cuivre en petits mammelons
veloutés*, dans une mine de fer noirâtre ramifiée, laquelle provient de la décomposition
d'une mine de cuivre jaune en dendrites
(♀ H. 13.) : de Thuringe.

*Cuprum arrosum viride, striis villosis, brevibus,
mollissimis.* Carth. min. 70. 3.

♀ O. 5. *Verd de Cuivre strié*, dispersé par petites houppes soyeuses dans un amas de petits fragments de quartz, qui paroissent liés

les uns aux autres par ce cuivre : de *Lau-*
terberg, au Hartz.

♀ O. 6. *Verd de Cuivre ſtrié*, dans les cavités
d'une mine de cuivre jaune, enduite à ſa
ſuperficie de mine de cuivre vitreuſe couleur de poix : du *Tillot.*

♀ O. 7. *Verd de Cuivre ſtrié*, à fibres parallel-
les, très ſerrées, dans les cavités d'une mine
de cuivre jaune, en partie décompoſée comme la précédente, avec fauſſe mine de cuivre
hépatique : de *Voigtland.*

> Cette variété eſt pareille à celle du n°. 2 ci-deſſus ;
> mais la mine de cuivre jaune qui l'accompagne eſt ici
> moins décompoſée.

ESPÈCE XV.

BLEU DE CUIVRE IMPUR, { *Berg - blau* des
dit *Bleu de Montagne.* P. { Allemands.

Cæruleum montanum, ſeu *lapis Armenus.* Auctor.

Cæruleum æris impurum ſeu *cuprum cæruleum*,
terreum. Wolt. min. 30.
———— *montanum terreum aut lapideum.* Wall.
min. 270. 1. 2.
Cuprum arroſum, cæruleum, terreſtre. Carth.
min. 70.
———— *cæruleum calcarium.* Syſt. nat. XII.
146. n°. 14.
Ochra cupri pulverea, cærulea. Syſt. nat. XII.
192. n°. 4.

{ *Minera cupri calciformis impura, friabilis,* feu
ochra veneris terrâ calcareâ mixta. Cronft.
min. 196. a. 1.

{ *Terra calcarea croco feu calce veneris intrinfecè*
mixta pulverulenta five friabilis. Cronft.
min. 34.

{ *Minera cupri calciformis impura, indurata, cœ-*
rulea. Cronft. min. 196. b. 3.

{ *Terra calcarea croco feu calce veneris intrin-*
fecè mixta, indurata. Cronft. min. 35.

Cette efpèce eft un *Azur de cuivre*, plus
ou moins atténué & mêlangé, qui fe rencontre dans différentes terres ou pierres
auxquelles il communique fa couleur. Ce
n'eft fouvent qu'un mêlange des ochres
martiales & cuivreufes, dans lequel le cuivre ou la couleur bleue domine davantage.
Le bleu de montagne rend ordinairement
20 à 30 livres de cuivre par quintal ; mais
il en contient quelquefois fi peu, qu'on
l'exclud alors du nombre des mines de cuivre, pour le claffer parmi les fubftances
terreufes & pierreufes. : telle eft la *pierre*
Arménienne.

♀ P. 1. *Bleu de montagne terreux*, de diver-
fes nuances, dans du fpath compacte blanc,
à demi détruit, mêlé d'ochre martiale : de
Saaifeld.

On remarque dans ce morceau le paffage de l'*azur*

de cuivre foncé à celui qui eſt bleu céleſte, lequel s'altere auſſi par nuances inſenſibles juſqu'à devenir *Verd
de montagne.*

♀ P. 2. Autre morceau de la même variété,
mais plus cellulaire, dans lequel le bleu &
le verd de montagne terreux ſont mêlés de
mine de cobalt noire & limonneuſe. On y remarque auſſi du vitriol de cobalt en petits
mammelons d'un verd foncé : de *Saalfeld.*

♀ P. 3. *Bleu de montagne pierreux*, dont une
partie a paſſé à la couleur verte : de *Voigtland.*

♀ P 4. *Bleu de montagne ſablonneux*; il s'en
trouve dans les morceaux décrits ci - après,
♀ Q. 1 & 2.

♀ P. 5. *Bleu de montagne mammelonné*, mêlé
de verd de montagne : de *Freudenſtadt.*

♀ P. 6. Autre où le verd domine, ſur une
gangue ſchiſteuſe : d'*Ilmenau.*

ESPÈCE XVI.

V*ERD DE CUIVRE IMPUR*, { *Berg - grun* des
   dit *Verd de Montagne* ou   { Allemands.
   Verdet naturel. Q.

Viride montanum ſeu *chryſocolla.* Auctor.

Chryſocolla ſeu *cuprum viride terreum.* Wolt,
  min. 30.

Ærugo nativa terrea ſeu granulata. Wall. min.
  269. 3. 6.

Cuprum arrosum viride terrestre. Carth. min. 70.

——— *cotaceum granulatum.* Syst. nat. IX. 183. no. 10.

——— *matrice ochraceo-cotacea.* Syst. nat. XII. 145. no. 10.

Ochra cupri pulverea, viridis. Ibid. 192 .no. 3.

Viride montanum cupri arenaceum. Cronst. min. 277. a. & 278. b.

Cette espèce n'est souvent que la précédente plus décomposée & où la couleur verte domine davantage ; mais on en rencontre aussi des morceaux qui semblent devoir leur origine à un vitriol cuivreux, qui s'est infiltré dans des terres sablonneuses. Ces derniers, quoique mêlangés, contiennent moins de terre martiale que ceux qui paroissent être le résidu d'une mine de Cuivre jaune décomposée. Ils rendent depuis 20 jusqu'à 30 livres de Cuivre par quintal.

♀ Q. 1. *Verd de montagne sablonneux*, où se trouve une veine de *Bleu de montagne* également sablonneux : du *Hartz*.

Tout ce morceau étoit d'abord de couleur bleue; mais cette couleur a passé au verd, à l'exception d'une petite portion qui n'a été que peu altérée.

♀ Q. 2. *Verd de montagne* en globules sablonneuses : de *Blauberg*.

La couleur verte de la surface tire plus ou moins sur le bleu ; mais le centre de ces globules est encore à l'état de *Bleu de montagne.*

♀ Q. 3. *Verd de montagne poreux & cellulaire* comme la pierre ponce : de la *Fortune*, à Lauterberg, dans le haut Hartz.

♀ Q. 4. Autre dont le verd est plus foncé : les petits grains qui le composent, laissent entr'eux des interstices moins grands que ceux du précédent.

♀ Q. 5. *Verd de montagne terreux*, formé par couches ; ou terre sabloneuse qui a été pénétrée par un vitriol cuivreux.

ESPÈCE XVII.

MINE DE CUIVRE TERREUSE JAUNE ou BRUNE. R. { *kupfer-mulm* des Allem.

Minera cupri terrea, ochracea, flava vel fusca; seu Cupri minera lapidi molliori vel terræ inhærens, vel terrificata. Wall. min. 280. 3.

» Cette mine, dit Wallerius, est d'une » couleur semblable à celle de l'ochre » jaune, ou de l'ochre brune ; elle est » entremêlée de grains de la mine de cui- » vre d'un jaune pâle ou verdâtre». Elle provient donc de la décomposition d'une pyrite cuivreuse & diffère peu de la mine décrite ci-dessus, sous le nom de *fausse mine hépatique* (♀ K). Wallerius observe avec raison, que cette mine terreuse a

presque

presque toujours un enduit de verd de gris
ou verdet naturel, ce qui est une nouvelle
preuve qu'elle contient du cuivre, quoiqu'en très-petite quantité. La couleur
brune & quelquefois jaune que l'on y remarque annoncent de l'ochre martiale,
avec laquelle le cuivre est mêlé.

♀ R. 1. *Mine de cuivre terreuse, brune*, entremêlée de marcassites cuivreuses dodécaëdres:
de *Voigtland*.

Ce morceau, qui est cellulaire & perforé comme la
pierre ponce, est le résultat d'une mine de cuivre jaune
décomposée.

♀ R. 2. Autre morceau de mine de cuivre
brune, presque noire, & qui salit les doigts
comme de la suie: elle est mêlée de pyrites,
de spath compacte & de verd de montagne
superficiel: de Thuringe.

C'est le *noir de cuivre* de Gellert (*nigrum cupri fu-
ligineum*). Cette terre ou poussière noire très-déliée
est, suivant ce Minéralogiste, assez riche en cuivre.

ESPÈCE. XVIII.

MINE DE CUIVRE FIGU- { *Kupfer - schiefer.*
RÉE ou SCHISTEUSE. S. { des Allemands.

Minera cupri figurata seu *cupri minera fissili lapidi inhærens, figurata.* Wall. min. 279.
Minera cuprifera seu *lapis venereus.* Wolt. min.
30.

G

Cuprum amorphum, petrâ variâ veſtitum. Wolt. *Ib.*
—— *ſchiſtoſum* ſeu *matrice ſchiſtoſa.* Syſt.
   nat. XII. 145. nº. 10.
Cuprum ſchiſti. Syſt. nat. IX. 183. nº. 9. Juſt.
   min. 92.

Larvæ
Cupriferæ. { *Cuprum calciforme corpora pe-*
   regrina ingreſſum. Cronſt. min.
   289. a. 1. (la Turquoiſe.)
   Cuprum mineraliſatum corpora pe-
   regrina ingreſſum. Cronſt. min.
   290.

Cette mine, qui n'a d'autre figure que
celle des corps animaux ou végétaux où
elle ſe rencontre, eſt un cuivre minéraliſé,
tantôt par le ſoufre & le fer, & alors c'eſt
une *Pyrite cuivreuſe* (♀ H.) qui s'eſt intro-
duite dans diverſes ſubſtances animales,
telles que les coquilles & madrépores de
Norwege, les poiſſons des ſchiſtes d'Eiſ-
leben & du comté de Mansfeld, &c.
(Ces ſchiſtes cuivreux ſont ſouvent mêlés
de *bleu* & de *verd de montagne*, dus à la
décompoſition d'une partie de la pyrite
cuivreuſe qu'ils contiennent). Tantôt c'eſt
un cuivre minéraliſé par le ſoufre, l'arſénic & l'argent; c'eſt-à-dire un *Fahlertz*,
qui a pénétré des ſubſtances végétales,
comme on le voit dans les prétendus *épis de
bled* de Franckemberg, &c. (☽ P. 1). Le
produit de cette mine eſt trop inconſtant,
pour qu'on puiſſe rien fixer à cet égard. Les

plus riches , telles que la mine en épis de Franckemberg, rendent depuis 15 jusqu'à 20 livres de cuivre par quintal ; les plus pauvres n'en contiennent guere qu'une à deux livres. Suivant M. Monnet , cette mine, qu'il appelle *chyteuse*, rend depuis 4 jusqu'à 6 livres de cuivre au quintal : sa gangue argilleuse la rend difficile à fondre.

♀ S. 1. Veine de pyrite cuivreuse , d'un jaune pâle , mêlée de galêne tenant argent , dans du schifte noirâtre : d'*Ilménau*.

ESPÈCE XIX.

MINE DE CUIVRE **CHARBONNEUSE** ou *combustible*. T. { *Kohl-graupen* & *Brand-ertz* des Allemands.

Minera cupri phlogistica. Cronst. min. 161. A.
Minera cupri figurata carbonaria. Wallerius min. 279. 1.
Mine de cuivre bitumineuse. *Monn. expos. des min. p.* 78.

Cette mine est un *charbon de terre* minéralisé par le cuivre ou qui contient du cuivre, soit minéralisé, soit sous forme de chaux. Suivant M. Lehmann , le charbon de terre de Hartha, près de Chemnitz, est pénétré par une mine de cuivre verte : il donne 36 livres de cuivre & 5 onces d'argent par quintal ; mais le produit ordinaire de la mine de cuivre charbonneuſe, ne va guère au deſſus de 10 à 12 livres par quintal.

FER. ♂ Mars Chymicorum.

ESPÈCE I.

FER VIERGE ou NATIF. A. { *Gediegen-eisen* des Allemands.

Ferrum nativum feu nudum. Syft. nat. XII. 136. n°. 1.

———— *nudum malleabile.* Carth. min. 71.

———— *nativum folidum informe vel in granulis.* Wall. min. 251. 1 & 2.

Ce Fer, dont plufieurs Minéralogiftes ont nié l'exiftence à caufe de fon extrême rareté, a toutes les propriétés du fer forgé le plus pur, telles que la ductilité, la malléabilité, &c. On ne l'a rencontré jufqu'à préfent, qu'en maffes irrégulières plus ou moins confidérables. Il faut donc éviter de le confondre, comme ont fait quelques-uns, avec l'efpèce fuivante (♂ B.) qui, quoique criftallifée & attirable à l'aimant, n'eft ni ductile ni malléable & qui, par conféquent, n'a point toutes les propriétés que doit avoir le fer pour être réputé vierge. On préfume que les grandes maffes de fer natif, qui fe trouvent au Séné, y ont été formées par des volcans.

G iij

BIBLIOTHÈQUE ROYALE I

♂ A. 1. Un petit morceau de *Fer vierge*, qui, de même que celui dont il est parlé dans le *Catalogue raisonné d'une collection de minéraux, vendue à Paris en 1772*, (n°. 1016.) a été détaché d'un morceau plus considérable trouvé à *Kaumsdorf* en Thuringe, dans le spath compacte. Il reste à peine quelques vestiges de la gangue dans cet échantillon, qui n'excede pas la grosseur d'une noisette ; mais on remarque dans ses interstices, une mine de fer brune & rougeâtre, qui, au défaut d'autres indices, peut être ici regardée comme le *cachet de la nature*.

> Voyez dans *l'Art des Mines* de M. Lehmann (*tom.* 1. *p.* 112. *de la trad. fr.*) la description du morceau de *Fer natif*, d'Eibenstock en Saxe, que possédoit le célèbre Margraff. » On y voyoit, dit M. Lehmann, les » deux côtés latéraux ou lisières du filon ; ce qui suffit » pour décider la question. »

♂ A. 2. Deux fragments, provenants du même morceau, dans lesquels la mine de fer brune ou rougeâtre, qui accompagne ce *Fer vierge*, est encore plus sensible. L'aimant les attire moins que le morceau du n°. 1.

♂ A. 3. *Régule de fer*, ou Fer de la seconde cuite, avec l'espèce d'amiante qui s'y forme. Il m'a été donné par *M. Grignon*, Maître de Forges à Bayard en Champagne.

> Dans une des cavités de ce régule, le fer s'est cristallisé en aiguilles denticulées ou hérissées de pointes latérales, dans toute leur longueur ; dans d'autres il est en lames ou feuillets diversement inclinés : c'est dans les interstices de ces lames que se trouve une substance fibreuse, blanche, cottonneuse, élastique, assez semblable à l'*Amiante*. Seroit-ce une modification de la

terre argilleuse contenue dans la mine d'où ce fer a été tiré? M. Grignon la regarde comme un Fer déphlogistiqué ou à l'état de chaux, susceptible d'être révivifiée en la combinant de nouveau avec le phlogistique.

♂ A. 4. *Fonte de fer cristallisée* en pyramides quadrangulaires, articulées & branchues, qui paroissent formées d'octaëdres implantés les uns sur les autres, comme ceux de l'argent vierge en végétation de Sainte-Marie. (☽ A. 6.) Cette fonte est entremêlée d'un lettier blanc, qui lui sert comme de gangue.

M. Grignon, de qui je tiens ces *Cristallisations artificielles*, m'a montré d'autres cristaux en petits cubes trèsréguliers, jaunes & attirables à l'aimant, qui paroissent être de nature pyriteuse, & d'autres de nature basaltique, vitreux & transparens, qui avoient la forme d'octaëdres entiers ou tronqués par leurs angles. Ces cristaux beaucoup plus réguliers que ceux qu'on obtient d'ordinaire par le feu borné de nos fourneaux, ont été trouvés dans des fourneaux de Forge où les substances métalliques, après un feu de plusieurs mois & de la plus grande intensité, avoient éprouvé un réfroidissement très-lent, qui a donné le tems aux molécules métalliques placées dans des circonstances favorables à la cristallisation, de se rapprocher par les faces les plus disposées à s'unir entr'elles, comme il arrive dans les opérations lentes de l'évaporation ou du réfroidissemen: par la voie humide. Il peut donc y avoir dans la nature, sur-tout aux environs des Volcans, quelques cristallisations produites par l'action des feux souterreins, lorsque les matières en fusion auront été dans le cas de se réfroidir assez lentement pour prendre une figure régulière & déterminée ; mais nous connoissons très-peu de ces cristallisations pyriques, & les gangues argilleuses, séléniteuses, spathiques ou quartzeuses, qui servent d'enveloppe ou de support à la plûpart des cristaux métalliques que nous trouvons dans les veines & filons des mines, ne permettent pas de douter que ces cristaux de même qu.. ceux des pierres qui les accompagnent, ne soient le produit d'une opération lente de la Nature par la voie humide où le concours de l'eau, comme je l'ai avancé p 322. de mon Essai de Cristallographie.

ESPÈCE II.

MINE DE FER OCTAÈDRE, *attirable à l'aimant.* B.

Ferrum tessellare & crystallinum. Syst. nat. XII. 136. n'. 2 & 137. n°. 3.

 *mineralisatum , crystallisatum , octaëdrum.* Wall. min. 252. 1.

Minera ferri calciformis indurata, octaëdra. Cronst. min. 203. E. 1.

Cette mine est fort riche, mais le fer y paroît être uni à un peu soufre qui lui ôte la malléabilité, sans lui faire perdre la propriété d'être attirable à l'aimant. Peut-être même cet effet n'est-il produit que par l'eau qui est entrée comme partie constituante de la cristallisation: car le fer de ces cristaux, loin d'être à l'état de chaux, ne différe presque point du fer vierge.

♂ B. 1. *Mine de fer octaëdre* en cristaux solitaires, aluminiformes (*Ess. de crist.* p. 354). Le fer est à nud dans ces cristaux, qui sont d'un gris noirâtre & fortement attirables par l'aimant. Ils viennent de Galice.

Ferrum teſſellare decorticatum nudum. Syſt. nat. XII. 136. n°. 2. α.

♂ B. 2. Autre criſtal ſolitaire de *Mine de fer octaëdre*, qui, malgré la croute talqueuſe noire qui l'enveloppe, eſt attirable à l'aimant comme les précédens : de *Fahlun*, en Suéde.

    C'eſt cette légere croûte talqueuſe qui a fait ranger, par Wallerius & quelques autres, cette variété dans le genre du talc. *Talcum cubicum octaedrum.* Wall. min. 135. *Alumen talcoſum opacum.* Syſt. nat. IX. 169. n°. 4. *Alumen ſolitarium cinereo-fuſcum ollaris.* Amœn. Acad. I. p. 481. *Ferrum talcoſo cortice veſtitum.* Syſt. nat. XII. 136. n°. 2. β.

♂ B. 3. *Mine de fer octaëdre* en petits criſtaux liſſes, d'un gris noirâtre, épars dans une gangue talqueuſe, ou eſpèce de colubrine feuilletée : de *l'Iſle de Corſe.*

    Il eſt aſſez ſingulier que le *talc* ou la *pierre ollaire* ſoient juſqu'à préſent la ſeule gangue où le *Fer en criſtaux octaëdres* ait été trouvé, & cela dans des pays auſſi éloignés l'un de l'autre que le ſont l'Iſle de Corſe & la Suede.

♂ B. 4. Autre, en petits criſtaux d'un beau noir épars avec mine de cuivre jaune & colorée, dans une pierre ollaire griſe & feuilletée : de *Nordberg*, en Weſtmanie.

    Ce ſont de petits criſtaux de ce cette eſpèce que M. Linné, dans ſon voyage d'Oſtrogothie, avoit pris pour des Criſtaux d'étain, mais qu'il a reconnus depuis pour ce qu'ils étoient. —— *Ferrum cryſtallinum confertum adhærens.* Syſt. nat. XII. 137. n°. 3. *Minera ſtanni.* Linn. It. Wgoth. 258.

ESPÈCE III.

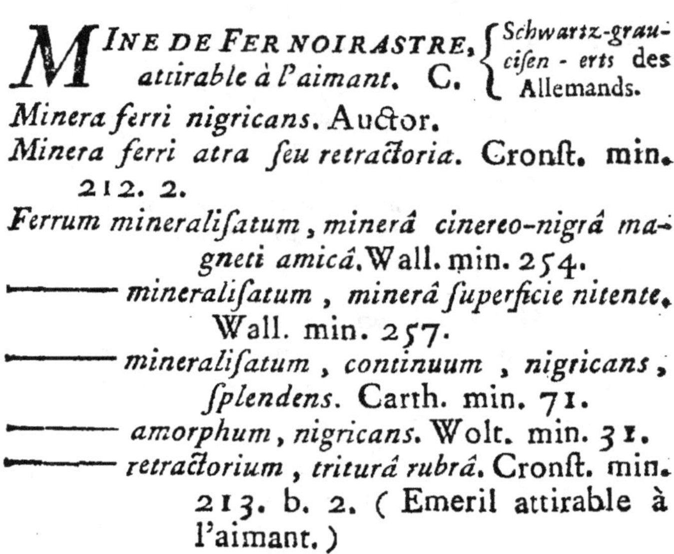

MINE DE FER NOIRASTRE, *attirable à l'aimant.* C. { *Schwartz-grau-cifen - erts* des Allemands. }

Minera ferri nigricans. Auctor.

Minera ferri atra feu retractoria. Cronft. min. 212. 2.

Ferrum mineralifatum, minerâ cinereo-nigrâ magneti amicâ. Wall. min. 254.

———— *mineralifatum, minerâ fuperficie nitente.* Wall. min. 257.

———— *mineralifatum, continuum, nigricans, fplendens.* Carth. min. 71.

———— *amorphum, nigricans.* Wolt. min. 31.

———— *retractorium, triturâ rubrâ.* Cronft. min. 213. b. 2. (Emeril attirable à l'aimant.)

Cette mine, qui eft fort pefante, varie fingulierement quant à la forme, à la grandeur & à la difpofition des parties qui la compofent; ce qui a paru fuffifant à M. Linné, pour en faire plufieurs efpèces diftinctes : mais en général elle eft d'un gris tirant fur le noir, fortement attirable par l'aimant, & peu ou point minéralifée : elle rend, fuivant Wallerius, depuis 50 jufqu'à 80 livres de fer par quintal, & 78 livres fuivant M. Sage. On peut rapporter à cette efpèce l'*émeril attirable à l'aimant* de M^{rs}. Cronftedt & Linné, ainfi que le *fable ferrugineux noir*, qui fe trouve en abondance dans le lit de certains fleuves & fur les bords de la mer. Ce dernier eft auffi attirable par l'aimant & rend, lorfqu'il eft pur, jufqu'à 90 livres de fer par quintal.

♂ **C. 1.** *Mine de fer noirâtre, folide,* à particules très-fines, fortement attirables à l'aimant : de *Nordberg.* C'eft à la défunion de ces particules que font dus les *fables ferrugineux noirs,* que l'on trouve dans des terreins bas, où ils ont été charriés par les eaux. (♂ **C. 17.**)

Ferrum felectum feu retractorium nigrans, particulis fubimpalpabilibus, folidefcens. Syft. nat. XII. 137. n°. 3. *Minera ferri nigricans folida.* Wall. min. 254. 1.

♂ **C. 2.** Autre, dont la fuperficie eft en partie liffe & luifante : d'*Ormberg*, paroiffe de Graënge, en Dalécarlie.

Ferrum retractorium nigrans, fubfcintillans compactiffimum. Syft. nat. XII. 137. n°. 4.

♂ **C. 3.** *Mine de fer noirâtre, feuilletée,* ou en lames fuperficielles ftriées & contournées, fur une gangue de fchorl fibreux verd, où fe rencontre une petite veine d'afphalte : de *Bitsberg.* Les ftries des lames ou feuillets, font très-fines & fe croifent obliquement.

Ferrum retractorium nigrans, decuffatum feu rhombeo-ftriatum. Syft. nat. XII. 139. n°. 14. *Minera ferri nigricans lamellofa.* Wall. min. 254. 6. *Minera ferri fpecularis foliacea & contorta,* Wall. min. 257. 2 & 3.

♂ C. 4. *Mine de fer noirâtre, solide & lamelleuse,* en partie spéculaire : de la mine de *Staf,* paroisse de Floda en Sudermanie. Ses fragmens affectent la forme cubique ou rhomboïdale, comme les galênes tessulaires.

Ferrum retractorium nigrans , particulis rhombeis, nitens. Syst. nat. XII. 137. n°. 6. *Minera ferri nigricans tessulata.* Wall. min. 254. 4. *Minera ferri specularis lamellosa.* Wall. min. 257. 1.

♂ C. 5. *Mine de fer noirâtre, granuleuse,* dont les particules sont très-inégales entr'elles. Les plus grandes sont spéculaires & anguleuses ; les plus petites sont arénacées : de *Siustiernan,* à Graënge en Dalécarlie.

Ferrum granosum seu *retractorium nigrans particulis arenaceis.* Syst. nat. XII. 138. n°. 9. *Minera ferri nigricans granulata.* Wall. min. 254. 3. L'espèce que M. Linné désigne par cette phrase : *Ferrum commune* seu *retractorium nigrans particulis subgranulatis , inæqualibus.* Syst. nat XII. 138. n°. 10. ne doit pas être fort différente de celle-ci.

♂ C. 6. *Mine de fer noirâtre, granuleuse,* à petits points brillans, disposée par veines alternatives avec un quartz bleuâtre ; de *Danne-more,* en Uplande.

Minera ferri nigricans, punctulis micans. Wall. min. 254. 2.

♂ C. 7. *Mine de fer noirâtre, écailleuse,* disposée par taches, la plupart rhomboïdales, dans une mine de fer bleuâtre, non attirable à l'aimant (♂ E.) de *Nordberg.* C'est à cette variété, que les Allemands ont donné le nom d'*Einsenglantz* (Galêne de fer) parce qu'elle

imite en quelque forte le tiffu de la galêne.
(Juft. min. 591. n°. 110.)

Ferrum fydereum feu retractorium nigrans , maculis rhombicis minera ferri infparfis. Syft. nat. XII. 137. n°. 5. Minera ferri nigricans fquammofa. Wall. min. 254. 5. Sit ftella retractoria nigrans , at cœlum intractabile rubricofum micaceum. Linn. Syft. nat. ibid.

♂ C. 8. *Mine de fer noirâtre* , à particules moins diftinctes, dans une gangue talqueufe noire , mêlée d'un fchorl fibreux chatoyant comme la blende : de *Starfaetra* , en Sudermanie. Ce Fer entre aifément en fufion, à caufe du fchorl fibreux qui l'accompagne & qui lui fert de fondant.

Ferrum retractorium nigrans fubfcintillans, fragmentis fubcubicis. Syft. nat. XII. 137. n°. 7. Ferrum talcofum feu retractorium nigrans talco infperfum. Syft. nat. XII. 138. n°. 12.

♂ C. 9. *Mine de fer noirâtre* , à particules plus diftinctes, éparfes dans une blende rouge : de *Granfaenknigen* , à Nickopparberg.

♂ C. 10. *Mine de fer noirâtre, granuleufe* , mêlée avec fchorl fibreux, noir : de la mine de *Vik* , en Dalécarlie.

♂ C. 11. *Bafalte martial* , de Cronftedt , ou fchorl pyriteux , qui contient de la mine de fer noirâtre, attirable à l'aimant : de *Fahlun*.

♂ C. 12. *Mine de fer noirâtre* , dans la pyrite cuivreufe , fur du quartz : de *Bitsberg*.

Dans ce morceau la pyrite même eft attirable à l'aimant (*Voyez le* n°. 2. de l'efpèce V. du foufre). *Ferrum molle feu retractorium nigrans pyriticofum. Syft. nat. XII. 138. n°. 11.*

♂ C. 13, Débris de la pyrite cuivreuse du n°. précédent & de celle qui eſt décrite ci-deſſus (♀ H. 1.) Les petits grains en font attirables à l'aimant.

♂ C. 14. *Mine de fer noirâtre*, à particules très-fines, dans la Molybdêne : de *Nordberg*.

♂ C. 15. *Mine de fer noirâtre, en petits grains*, dans une roche talqueuſe griſe ou bleuâtre, qui ſe diviſe par feuillets comme les ſchiſtes & certaines pierres ollaires, mais qui, frappée avec le briquet, jette beaucoup d'étincelles : on la vend & on l'employe ſous le nom d'*Emeril*. Ce morceau a rendu à l'eſſai 14 livres par quintal d'un fer mou comme du plomb.

Ferrum retractorium rubricoſum vitrum arans. Syſt. nat. XII. 139. n°. 17. *Ferrum intractabile ſquamoſo-ſtriatum.* Syſt. nat. IX. 180. n°. 11.

Voyez une autre eſpèce d'émeril non attirable à l'aimant, ci-après eſpèce XII. var. 5 & 6.

♂ C. 16. Autre morceau de la même variété, mais plus riche en fer que le précédent : il ſe vend auſſi ſous le nom d'*Emeril*.

♂ C. 17. *Sable ferrugineux noir* des Indes orientales. Je l'ai ramaſſé ſur le bord de la mer, à l'embouchure de la riviere de *Tranquebar*, ſur la côte de Coromandel.

Arena ferraria nigreſcens. Wall. min. 260. 1. *Glarea ferrea* ſeu *Ferrum glareoſum*, *atrum*, *magnetem ſequens.* Wolt. min. 31. *Arena ferri atra.* Syſt. nat. XII. 199. n°. 13. *Arena ferrea.* Vog. min. 80.

ESPÈCE IV.

MINE DE FER MAGNÉTIQUE ou *AIMANT*. D. { *Magnet-stein* des Al.

Magnes feu *lapis fyderitis*. Auctor.

Minera ferri attractoria. Cronft. min. 211. 1. b. 1.

Ferrum mineralifatum , attractorium. Carth. min. 71.

———— *attractorium*. Syft. nat. XII. 142. n°. 27.

———— *amorphum ferrum attrahens*. Wolt. min. 31.

———— *mineralifatum, minerâ ferrum trahente & repellente & polos oftendente*. Wall. min. 259.

Cette mine , lorfqu'elle eft pure , ne diffère de l'efpèce précédente , que par fa propriété magnétique ; propriété qu'elle perd au feu , fans rien perdre de fon poids. On en trouve de toutes les variétés de forme qui font propres à la *Mine de fer noirâtre* (♂ C.) Elle rend comme elle 75 à 80 livres de fer par quintal. Il paroît donc que c'eft la même efpèce, qui, fuivant qu'elle a été modifiée, eft *attirable par l'aimant*, ou eft elle-même *aimant*. Les Auteurs parlent d'*aimants blancs , gris , bleuâtres & rougeâtres* ; mais ces différentes couleurs font celles de la gangue où fe rencontre le *Fer magnétique*, qui toujours eft d'un gris plus ou moins brun.

♂ D. 1. *Mine de fer magnétique*, ou morceau d'aimant pur & folide, dont la force attractive eft auffi confidérable qu'elle peut l'être, lorfque la pierre n'eft point armée. Il a été apporté de *Sibérie* par feu M. l'Abbé Chappe, de l'Académie royale des fciences.

♂ D. 2. *Idem*, moins grand.

♂ D. 3. Deux autres morceaux d'*Aimant brun*, de Sibérie, dont la force attractive eft plus foible.

♂ D. 4. Deux autres, où le *fer magnétique*, *d'un gris brun*, fe trouve répandu dans une terre argilleufe blanche qui a fait donner à cette variété le nom d'*Aimant blanc*.

ESPÈCE V.

MINE DE FER GRISE ou *BLEUASTRE*. E. { *Licht graves-eifen-ertz.* *Blauliches-eifen-ertz.* des Allemands.

Minera ferri grifea vel cærulefcens. Auctor.

Ferrum mineralifatum, minerâ cinereâ vel cærulefcente, magneti parum amicâ vel refractariâ : Wall. min. 255 & 256.

———— *mineralifatum grifeum, fracturis albefcens.* Carth. min. 72.

Ferrum

Ferrum mineralifatum , fubcœruleum , fplendens.
Garth. min. ibid.
——— *cœrulefcens* vel *intractabile rubricans
fquamis fublaminofis, cœrulefcentibus.*
Syft. nat. XII. 140. n°. 19.

Cette mine n'eſt encore, à proprement parler, qu'une variété de la *mine de fer noirâtre* (♂ C). Elle n'en differe que par ſa couleur & par ſon peu de diſpoſition à être attirée par l'aimant, ce qui provient peut-être d'une portion de ſoufre un peu plus conſidérable qui s'y rencontre. Elle eſt aſſez riche en fer & varie beaucoup dans ſon tiſſu, qui eſt ou ſolide, ou grainelé, ou feuilleté, ou écailleux. Les morceaux que je poſſéde ont rendu à l'eſſai depuis 56 juſqu à 78 livres de fer par quintal. On donne ſouvent le nom d'*Emeril* aux mines les plus pauvres de cette eſpèce.

♂ E. 1. *Mine de fer ſolide , d'un gris bleuâtre ,* à petits points brillans : de *Laengbans* , en Wermelande.

Minera ferri cœrulefcens, punctulis micans. Wall. min.
256. 2.

♂ E. 2. Autre à particules très-fines, éparſes dans une gangue quartzeuſe & verdâtre : de la mine de *Kjaers*, Paroiſſe de Norberk.

Ferrum virens ſubretractorium , rubricoſum , particulis impalpabilibus nitidis. Syft. nat. XII. 139. n°, 15.

H

♂ E. 3. *Mine de fer solide, d'un gris bleuâtre,* sur du quartz en très-petits cristaux: de *Fouch-shoel*, Pays de Schaumbourg.

Minera ferri cœrulescens solida. Wall. min. 256. 1.

♂ E. 4. *Mine de fer bleuâtre, solide & feuilletée,* mélée de mine de fer noirâtre arénacée, très-friable: de la mine de *Graenge*, en Dalécarlie. Les parties noires sont les seules qui soient attirables à l'aimant.

Ferrum cœrulescens vel *intractabile rubricans, squamis sublaminosis cœrulescentibus.* Syst. nat. XII. 140. n°. 19. *Minera ferri cœrulescens lamellosa.* Wall. min. 256. 6.

ESPÈCE VI.

MINE DE FER MICACÉE GRISE. F.   { *Eisen-man* ou *Eisen glimmer* des Allemands.

Ferrum micaceum, cinereum. Auctor.

—— *mineralisatum, squamosum, griseum, splendens, friabile.* Carth. min. 72.

—— *intractabile rubricans micaceum nitens.* Syst. nat. XII. 139. n°. 18.

Minera ferri atra, attractoria, squamosa. Cronst. min. 211. d. & 203. 1. d.

Mica ferri livida. Wall min. 266. 1.

Mica ferrugineux gris. *Waller. ibid. trad. franç.*

Cette espèce, regardée par la plupart des Minéralogistes, comme très-pauvre, vorace & intraitable, est, suivant les essais

de M. Sage, une des plus riches, puisqu'elle produit 50 livres de fer par quintal.
Elle eſt minéraliſée par le ſoufre & non par
l'arſénic, comme Wallerius & quelques-
autres l'avoient avancé. Elle me paroît
avoir été produite par une Hématite, qui,
de non minéraliſée qu'elle étoit, a depuis
contracté union avec le ſoufre. C'eſt en effet à la ſurface ou dans le voiſinage de ces
ſortes d'hématites décompoſées, que l'on
trouve d'ordinaire cette mine en feuillets
minces & brillans, qui ayant très-peu d'adhérence entr'eux, ſe ſéparent au moindre
frottement & qui paroiſſent alors ſemblables à du Mica.

♂ F. 1. *Mine de fer micacée, griſe & rougeâtre,*
à larges feuillets contournés : du Dauphiné.
Ce morceau n'a point de gangue.

♂ F. 2. *Mine de fer micacée, griſe*, mêlée d'hématite cellulaire & ſpongieuſe, dans du quartz:
de Saxe.

Voyez ce qui eſt dit de cette eſpèce d'hématite,
ci-après Eſp. XIV.

♂ F. 3. *Mine de fer micacée, griſe*, ſur de l'hématite colorée : de l'Iſle d'Elbe.

On remarque ſur ce morceau le paſſage de l'hématite à la *mine de fer micacée griſe*, par le concours du
ſoufre, qui, rencontrant la terre martiale de l'hématite, s'y unit, & la minéraliſe. Voyez ce même paſſage
dans les morceaux décrits ci-après Eſp. XI. var. 16, 17
& 18.

♂ F. 4. *Mine de fer micacée, bleuâtre*, à petites écailles, plus adhérentes entr'elles que celles des morceaux précédens : du mont *Ormberg*, en Suéde.

Cette variété appartient peut-être à la *mine de fer bleuâtre* (Efp. V.); en ce cas ce feroit la *mine de fer bleue écailleuse* de Wallerius. *Minera ferri cærulefcens fquammofa.* Wall. min. 256. 5.

♂ F. 5. *Mine de fer micacée, grife*, difpofée par couches minces, avec une argille blanche mêlée d'ochre : d'*Alvar*, en Dauphiné.

♂ F. 6. Mine de fer feuilletée, non luifante, friable & couleur de rouille : de *Vit-de-Saulx*, près de Pamiers, dans le Comté de Foix.

Cette mine paroît être un *Eifenman* décompofé, dans lequel le fer fe trouve à l'état de chaux par la perte du foufre qui le minéralifoit.

ESPÈCE VII.

Mine de Fer spéculaire ou *à facettes brillantes.* G. { *Spiegel-eifen-eriz. Eifen-blende & glanz-ftein* des Allem.

Minera martis fpecularis. Auctor.
Ferrum plumofum ferri nudi faciem præ fe ferens. Wolt. min. 31.
An fpuma lupi particulis polyedris compacta. Wall. min. 265. 3 ?
Fer minéralifé par le foufre : Sage, *Elém. de min. doc. p.* 202 & 203.

Cette espèce , que quelques-uns ont nommée *blende de fer* ou *Galêne de fer*, n'est point arsénicale , mais sulfureuse , & paroît n'être qu'une variété plus solide de l'espèce précédente. Elle se rencontre presque toujours cristallisée plus ou moins régulièrement , & elle offre à sa surface tout l'éclat métallique du fer , sans être pour cela attirable par l'aimant. On lui donne communément le nom de *spéculaire*, qnoique toutes ses parties ne soient pas également propres à réfléchir les objets. Son produit ne va guere au dessous de 50 livres de fer par quintal. Il faut éviter de confondre cette espèce avéc la *Mine de fer spéculaire* de Wallerius (Esp. 257.) laquelle n'est qu'une variété de la mine de fer noirâtre attirable à l'aimant. (*Voyez ci-dessus* ♂ C. 3 & 4.)

♂ G. 1. *Mine de fer en lames spéculaires* , luisantes & qui réfléchissent les objets comme le plus bel acier poli , sans matrice : du *Mont-d'or*, en Auvergne.

> Ces lames affectent la forme hexagone & leurs bords sont en biseau : l'une d'elles est chargée de petits octaëdres comprimés comme certains cristaux d'alun. (*Eff. de Crist. p. 356. Esp. I. var. 1.*)

♂ G. 2. *Mine de fer spéculaire* en lames posées de champ , dont les bords sont en biseau , dans une gangue quartzeuse : du *Val d'ajols*, près Plombieres dans les Vosges.

Cette mine offre dans fa fracture un tiffu lamelleux peu different de celui des *mines de fer micacées grifes*, (Efp. VI.) les lames ont feulement plus de confiftance & d'adhérence entr'elles que n'en ont celles du *fer micacé*.

♂ G. 3. *Mine de fer en petits criftaux* polygones, fort éclatans, dans les cavités d'un quartz criftallifé : des *Mottes*, en Franche-Comté.

♂ G. 4. *Mine de fer grife*, formée d'un amas de petits criftaux polygones, très - irréguliers : de *Philadelphie*.

♂ G. 5. *Mine de fer criftallifée* en petits cubes, plus ou moins réguliers, dont les uns ont leurs angles entiers, & les autres tronqués, fur un grouppe de criftaux de roche : de Saxe.

An *Spuma lupi cubica*. Wall. min. 265. 1 ?

♂ G. 6. *Mine de fer criftallifée* : de l'*Ifle d'Elbe*. Ce morceau réunit dans un petit efpace, trois des variétés de forme qui font propres à cette efpèce de mine. Le plus apparent des criftaux qui compofent ce grouppe, eft un cube rectangle dont les faces oppofées font tronquées de biais alternativement, ou , ce qui revient au même , ce font deux pyramides triédres obtufes, à plans triangulaires, oppofées par leurs bafes & féparées par fix plans triangulaires (*Eff. de crift. p. 361. var. 4*). Ce criftal eft environné d'autres criftaux plus petits qui n'en font qu'une variété & qui font compofés de deux pyramides triédres obtufes, à plans pentagones, féparées par fix plans triangulaires : (*Eff. de crift. p. 359. var. 1*). Enfin il s'en trouve quelques-uns dont les pyramides triédres obtuſes , ſont jointes baſe à baſe , ſans le concours des ſix triangles intermédiaires des variétés précédentes : alors les plans des pyramides ne ſont plus pentagones , mais rhombéaux ou rhomboïdaux (*Eſſ. de criſt. ibid. var.* 2). Ainſi les plans pyramidaux de là première variété qui ſont *triangulaires* , deviennent *pentagones* dans la ſeconde , & *rhomboïdes* dans la troiſieme. Tous ces paſſages d'une forme à une autre dans la même eſpèce, ſont ici bien diſtincts.

♂ G. 7. Un curieux grouppe de *criſtaux de fer ſpéculaire*, de l'Iſle d'Elbe. Ces criſtaux , d'un beau noir luiſant, ſont la plupart de la variété à 24 facettes décrite dans l'*Eſſai de criſtallographie* , *p. 360, var, 3*. Ils ont pour gangue un grouppe de petits criſtaux de roche , plus ou moins incruſtés par une mine de fer noire , luiſante & ſuperficielle. On y diſtingue auſſi une mine de fer en petits criſtaux lamelleux , rouges & tranſparens comme des rubis. Cette mine eſt rare.

Il eſt encore parlé de ces Criſtaux de fer couleur de rubis, ci-après Eſp. XI. var. 27. *Minera ferri cum rubris micis nitidis quæ, per microſcopium, inſtar rubinorum ſplendent.* Swedenborg. Opera mineral. de ferro. p. 289. An *Spuma lupi, particulis polyedris ſemi-pellucida.* Wall. min. 265. 4 ?

♂ G. 8. Autre grouppe des mêmes *criſtaux de fer ſpéculaire, à 24 facettes*, de l'Iſle d'Elbe, mais dont la forme eſt plus confuſe.

♂ G. 9. Gros criſtal ſolitaire , de mine de fer de l'Iſle d'Elbe , à 24 facettes peu régulières ; & quelques-autres petits de la même variété.

♂ G. 10. *Criftaux de fer fpéculaire* de la variété précédente, mêlés d'autres plus comprimés & de forme lenticulaire , dans du quartz blanc , en partie criftallifé : de *L'Ifle d'Elbe*.

♂ G. 11. Cinq petits grouppes variés de *criftaux de fer lenticulaires*, à bords en bifeau, de l'Ifle d'Elbe : deux de ces grouppes font remarquables par les couleurs vives de leur furface , qui chatoye comme les pyrites cuivreufes , dites *gorge de pigeon*.

> M. Bucquet a fait de ces derniers une efpèce particuliere fous le nom de *Mine de fer chatoyante*. Introd. à l'étude du Regne Minéral , tom. 2. p. 213. Efp. V.

♂ G. 12. Un grouppe des mêmes criftaux de fer, mêlés de marcaffites dodécaëdres, à plans pentagones.

♂ G. 13. *Idem*, à larges feuillets fpéculaires. Les marcaffites à plans pentagones, font incruftées d'une mine de fer granuleufe brune.

♂ G. 14. Petit grouppe des mêmes *criftaux de fer lenticulaires*, de *l'Ifle d'Elbe*. Ces criftaux font entremêlés d'une argille blanche , trèsfine , qui happe à la langue.

♂ G. 15. Autre grouppe de *criftaux de fer fpéculaires*, dans une terre argilleufe blanche, qui paroît criftallifée, mais cette apparence n'eft due qu'à l'impreffion qu'ont laiffé fur cette terre molle, les facettes d'autres criftaux de fer que ce morceau contenoit. Il eft mêlé de quartz & vient d'*Altenberg*.

♂ **G. 16,** Quatre petits grouppes de *criſtaux de fer*, de *l'Iſle d'Elbe* : ils réfléchiſſent les plus vives couleurs jaunes, rouges & azurées.

♂ **G. 17,** *Mine de fer criſtalliſée*, lamelleuſe & ſtriée : ſes lames, qui ſont colorées, ſe concentrent ſur une gangue quartzeuſe griſe, mêlée de petits criſtaux de roche, d'un blanc laiteux, nommés *fauſſes hyacintes blanches* : d'Altenberg.

♂ **G. 18.** Autre, en lames minces, poſées de champ & très-ſerrées les unes contre les autres, comme les ſpaths dits en *crête de coq* : elle a pour gangue un amas de petits criſtaux baſaltiques, blancs, peu réguliers.

Voyez le Catal. raiſ. de 1772, art. 1018 & 1024.

♂ **G. 19.** *Mine de fer en criſtaux ſpéculaires*, de la variété décrite ci-deſſus ♂ **G. 7.** Ces criſtaux, d'un noir luiſant, ne ſont point attirables à l'aimant ; mais au milieu d'eux eſt un bouton de fer, de forme hémiſphérique, qui a cette propriété. Ils ſont entremêlés de petits criſtaux de roche colorés, & leur gangue paroît être impregnée de bitume : de *Sainte-Marie aux Mines.*

♂ **G. 20.** *Mine de fer ſpéculaire*, en petits criſtaux lamelleux, fort éclatans, de la variété de forme décrite ci-deſſus ♂ **G. 1 & 2.** Ils ſont grouppés ſur un Granite compoſé de quartz, de feldtſpath & de mica : de la Suabe.

ESPÈCE VIII.

PYRITE MARTIALE ou *SULFUREUSE*. H. { *Eisen-kies* des Allem.

(Voyez ſes variétés ci-après ⚥ B. C. D.)

Sydero-pyrites ſeu *Pyrites ſulphuris*. Auctor.

Ferrum pallidè luteum , ſplendens , polymor-phum. Wolt. min. 31.

Sulphur marte ſaturatum. Cronſt. min. 152.

———— *ferro mineraliſatum , minerâ difformi* (⚥ B.) *vel globoſâ* (⚥ C.) *vel cryſtalliſatâ*. (⚥ D.) Wall. min. 215-217.

Mine de fer minéraliſée ordinaire , ou Pyrite. *Monn. expoſ. des min. p.* 79.

La *Pyrite martiale* ou *ſulfureuſe*, peut être conſidérée ou comme *mine de fer* ou comme *mine de ſoufre* , puiſque ces deux ſubſtances s'y rencontrent à peu près dans la même proportion. Elle contient ordinairement 30 à 40 livres de fer par quintal ; mais comme ce métal eſt rarement l'objet qu'on ſe propoſe dans l'exploitation de la Pyrite, il ne ſera fait ici mention de cette eſpèce , que relativement aux altérations qu'elle éprouve & qu'elle occaſionne dans le ſein de la terre. Le ſoufre ſe trouve en bien plus grande quantité dans

là Pyrite, que dans les espèces précédentes, puisqu'elle en contient depuis 23 jusqu'à 30 & quelquefois 36 livres par quintal. Il n'y est point intimement combiné
avec le fer, comme il le paroît être dans
les *mines de fer spéculaires & micacées grises (♂ F. G)*. C'est pourquoi les pyrites,
réduites en poudre, sont en partie attirables par l'aimant ; de-là aussi les altérations
qui leur surviennent, soit par la *voie humide*, soit par la *voie seche*. Dans le premier cas, l'eau s'insinue lentement dans
la Pyrite, porte son action vers le centre,
qui est moins compacte, & y excite une
fermentation : le soufre attaqué se décompose ; son acide étendu d'eau laisse échapper le phlogistique ou principe inflammable, avec lequel il constituoit le soufre :
une partie de cet acide se porte alors sur
le fer qu'il dissout & passe avec lui à l'état
de *Vitriol martial*, tandis que l'autre partie
se combine avec la terre non métallique
de la Pyrite, & forme l'*Alun*. Dans le se-
cond cas, tout se passe d'une autre manière ;
ce n'est point l'eau, mais la chaleur ou le
feu qui agit sur la Pyrite & la dispose à
laisser échapper le principe inflammable
du soufre. L'acide vitriolique devient libre, mais trop concentré, pour agir sur
le fer & passer avec lui à l'état de *vitriol*

martial ; il se modifie, soit par la réaction de la terre non métallique de la pyrite, soit par le principe de l'odeur qui a lieu dans le tems de la décomposition du soufre. Cet acide, ainsi modifié, n'est autre que l'*Acide marin*; il se combine avec le fer qu'il prive de son phlogistique, & forme avec lui une *mine de fer d'un brun rougeâtre* ou *de couleur de foie*, moins dure que n'étoit la Pyrite, mais cependant assez, pour faire encore feu avec le briquet. Dans cette décomposition de la Pyrite, *par la voie seche*, sa forme reste la même, quoique ses principes minéralisans ayent totalement changé de nature ; elle n'a perdu que son brillant métallique & un peu de sa dureté : au lieu qu'en se décomposant par la *voie humide*, elle s'échauffe, se gonfle, se dilatte, en un mot tombe en efflorescence par la désunion de toutes ses parties, qui n'offrent plus qu'un amas de matières salines, sans liaison & sans adhérence.

ESPÈCE IX.

MINE DE FER BRUNE ou *HÉPATIQUE* J. { *Leber-schlag-marcasite* des Allemands.

(Voyez *fausse mine de cuivre hépatique* ♀ K.)

Pyrites fuscus vel aquosus. Auctor.

Pyrites colore rubescente. Cronst. min. 153.
Pyrites aquosus vel *mineralisatus, lividus.* Syst.
nat. XII. 116. n°. 7.
*Sulphur ferro mineralisatum, minerâ fuscâ, vel
hepaticâ.* Wall. min. 218.

» Cette espèce de pyrite, dit Wallerius,
» ressemble beaucoup à la mine d'étain
» hépatique ou de couleur de foie & à
» celle de cuivre de la même couleur ».
Elle contient, suivant ce Minéralogiste,
beaucoup de fer, peu de soufre, presque
point d'arsénic & point du tout de cuivre.
Cette mine me paroît être le résultat d'une
pyrite martiale ou cuivreuse décomposée :
souvent la décomposition n'est que superficielle ; c'est ce qui a fait regarder jusqu'à-
présent cette espèce, tantôt comme une
mine de cuivre (♀ K.) tantôt comme une
pyrite plus pauvre en soufre que la pyrite
ordinaire (♃ B. C. D). Mais lorsque la
décomposition est complette, il ne reste
dans cette mine ni cuivre ni soufre ; elle
ne contient plus que du fer privé de son
phlogistique, & à l'état de chaux minéralisée par l'acide marin. J'ai exposé ci-dessus
(♂ H.) la manière dont je conçois qu'a
pu s'opérer ce changement. Cette mine
de fer, qui est d'un *brun rouge* ou de *couleur de foie* tant qu'elle reste unie à l'acide
marin, donne la même quantité de fer que

la pyrite non décomposée, c'est-à-dire, 30 à 40 livres par quintal; mais étant, dans ce nouvel état , privée du soufre qu'elle contenoit dans l'état pyriteux, elle est beaucoup plus avantageuse à exploiter que la pyrite , puisqu'il n'est plus besoin d'avoir recours à des grillages préliminaires & dispendieux , pour en dégager le soufre , & qu'il ne faut que lui restituer du phlogistique , en la traitant avec des fondans convenables. La Mine de fer hépatique est souvent mêlée d'une *Ochre jaunâtre* ou *safran de mars naturel* (♂ R.) qui n'est autre chose que la partie de cette mine la plus décomposée. Lorsqu'elle est parvenue à ce dernier état, elle ne contient plus d'acide marin , mais beaucoup d'eau : c'est une chaux martiale pure, qui prend au feu une couleur rouge foncée ou de colcothar; tandis que celle qui est encore à l'état de mine de fer hépatique, y devient noire & attirable à l'aimant, comme les *mines de fer spathiques*, qu'isont aussi minéralisées par l'acide marin. (♂ P.)

♂ J. 1. *Mine de fer hépatique* , en lames dentelées & en cristaux cunéiformes , semblable , à la couleur près, aux *pyrites martiales en crêtes de coq* (♃ D. 17 & suiv). Elle a pour gangue l'espèce de spath fusible , appellée *Cauk* par les Anglois , avec une veine de galêne.

qui, en quelques endroits, eſt auſſi décompoſée & remplacée par la mine de plomb
blanche : des mines du Comté de *Darby*, en
Angleterre.

Pyrites fuſcus lamelloſus. Wall. min. 218. 1.
Voyez le Catal. raiſ. de 1772. art. 1084-1093.

☿ J. 2. Autre morceau de la même eſpèce :
du Comté de *Nottingham*. On y diſtingue
le paſſage de la pyrite martiale en crêtes de
coq (♃ D. 17.) à la mine de fer brune ou
hépatique de même forme. Le centre de pluſieurs des criſtaux qui compoſent ce grouppe,
eſt encore à l'état pyriteux : les cavités laiſ-
ſées par la galêne décompoſée, ſont remplies
de petits criſtaux de mine de plomb blanche.

☿ J. 3. *Mine de fer hépatique*, en partie mam-
mélonnée, & en partie criſtalliſée en cubes, dont pluſieurs ont leurs angles tronqués.
Elle eſt en partie recouverte d'une ochre
jaunâtre ou couleur de rouille, & parſemée
de petits criſtaux de roche à deux pointes,
dont l'altération eſt auſſi très-ſenſible.

Cette mine, de même que les précédentes, réſulte
d'une Pyrite martiale de même forme. Celle-ci, par le
long ſéjour qu'elle a fait à l'air, a perdu le ſoufre qui la
minéraliſoit. Son ſéjour à l'air libre eſt indiqué par de
petites racines deſſéchées, logées dans ſes cavités.

☿ J. 4. *Mine de fer hépatique*, criſtalliſée en
cubes ou parallelepipedes rectangles, ſtriés
ſur toutes leurs faces : (*Iſſ. de criſt. p. 357.
var. 2.*) de *Sibérie*. La pyrite cuivreuſe tenant or, qui par ſa décompoſition a donné
naiſſance à cette mine de fer, eſt encore très-

fenfible dans la fracture de ces cubes : c'eft la feule différence qu'il y ait entre ce morceau & celui dont on a donné la defcription parmi les mines d'or (☉ A. 3.) lequel ne contient plus rien de pyriteux.

M. Sage ayant eu occafion de faire l'effai de plufieurs mines apportées de Sibérie par feu M. l'Abbé Chappe d'Hauteroche, il a reconnu que l'efpèce dont il s'agit, étoit minéralifée par *l'Acide marin* comme la *mine de fer fpathique*; auffi en a-t-il fait mention parmi ces dernières, en avertiffant néanmoins que cette *mine de fer brune en cubes ftriés*, de Sibérie, de même que celle de même forme qui a été trouvée *près de Montbard*, en Bourgogne, ne produifoient que 15 livres d'Acide marin par quintal, tandis que le fer fpathique ordinaire en donnoit jufqu'à 35 livres. (*Voyez fes Elém. de min. doc. p. 210*, & fon *Exam. chym. p. 234 & fuiv.*

♂ J. 5. Fragment de la *Pyrite martiale en globales*, décrite ci-après ♃ C. 4. Le centre, qui n'a point éprouvé d'altération, conferve fon tiffu aiguillé & fa couleur métallique d'un jaune pâle : la couche qui fuit immédiatement, eft encore pyriteufe, mais terne & d'un gris jaunâtre : celle qui lui fuccede, eft à l'état de *mine de fer hépatique* & n'a plus rien de pyriteux : enfin la couche extérieure, plus décompofée que le refte, eft à l'état de chaux pure ou de fafran mars naturel.

♂ J. 6. Deux marcaffites cubiques, liffes, folitaires, & un grouppe de marcaffites à 14 facettes, dont l'extérieur décompofé eft à l'état de *mine de fer brune ou hépatique.*

Pyrite fufcus cubicus. Wall. min. 218. 3.

♂ J. 7. Trois marcaffites folitaires, rombo ï-
dales

dales (♃ D, 10) entiérement décompofées ;
la plus grande a été caffée en deux, pour
faire voir fon intérieur qui eft à l'état de
mine de fer brune ou hépatique, mêlée d'ochre.

♂ J. 8. *Mine de fer brune, cylindrique*, ou en
tuyau mammélonné, qui paroît provenir de
la décompofition d'une pyrite martiale de
même forme.

♂ J. 9. Un morceau fingulier de *mine de fer
hépatique*, en faifceaux lamelleux, mêlés de
marcaffites octaëdres pareillement décompofées & de couleur brune : le tout eft dif-
pofé circulairement autour d'un noyau de
mine de fer limonneufe, en très petits grains.
(♂ Q. 4.) de Bohême.

ESPÈCE X.

MINE DE FER BLANCHE ARSÉNICALE.
K.

Minera ferri arfenicalis, alba.
Mine de fer arfénicale, ou fer combiné avec
l'arfénic. *Monn. expof. des min. p, 81.*

Cette efpèce, qu'il ne faut pas confondre avec le *Wolfram* ou prétendue *mine
de fer arfénicale* de Wallerius, approche
beaucoup de la pyrite blanche appellée *mifpickel* par les Allemands (○–○ B). Elle en
diffère cependant, en ce qu'elle eft plus

I

riche en fer, & beaucoup moins chargée d'arsénic. Suivant les essais de M. Sage, cette mine rend par quintal 66 livres de fer, une livre de cobalt, 8 livres de soufre & 25 livres d'arsénic. Lorsque cette mine contient un peu d'argent, on l'appelle *mine blanche d'argent* (☽ M). Si de plus elle contient du cuivre, on l'appelle *mine de cuivre blanche* (♀ E.) ou *mine d'argent grise* (☽ F) ; mais alors la portion d'arsénic est plus considérable & celle du soufre beaucoup moindre, ou même nulle. La *mine de fer blanche arsénicale* differe aussi de la *mine d'arsénic grise* ou *sulfureuse*, (○–○ C.) en ce que le soufre est en plus grande quantité dans cette dernière, ce qu'on reconnoît aisément à sa couleur brune, mêlée de jaunâtre. Suivant les expériences de M. Brandt, les mines de fer arsénicales doivent être fortement grillées ; car quand l'arsénic vient à s'unir au fer par la fusion, on obtient un fer *cassant à froid*, dont il est très-difficile de dégager l'arsénic. Voyez les Mém. de l'Ac. de Stockholm, tom. XIII, an. 1751.

♂ K. 1. *Mine de fer blanche arsénicale*, à petits points brillans, dans du quartz : de *Freyberg*.

♂ K. 2. Autre morceau de cette espèce, qui m'a été donné pour être de la *nouvelle Angle-*

terre. Sa couleur eſt en quelques endroits blanche & brillante, mais jaunâtre dans d'autres.
Toute ſa ſurface eſt enduite d'une effloreſcence de cobalt, qui pourroit faire prendre ce
morceau pour une mine de ce demi – métal.
Mais 1°. ce minéral expoſé au feu , dans un
teſt à rôtir ; a répandu des vapeurs jaunâtres,
très-fétides, où l'odeur de ſoufre & d'arſénic
étoit fort ſenſible. 2°. Quatre gros de cette
mine, après avoir été calcinés, ont laiſſé 2 gros
10 grains d'une matière d'un rouge pourpre foncé, en partie attirable à l'aimant. 3°.
Un demi gros de cette mine calcinée , ayant
été fondu avec du borax, a donné un régule
qui peſoit 24 grains : ſa couleur reſſembloit
aſſez à celle du cobalt, mais elle paſſa promptement & devint brune. 4°. Ce régule eſt
très-fragile ; réduit en poudre, il prend une
couleur noire & eſt attirable à l'aimant.
5°. Ayant été paſſé à la coupelle avec 8 parties de plomb, on n'a rien obtenu de fin ; la
coupelle avoit rejetté ſur ſes bords des ſcories noirâtres & a eu de la peine à ſe faire.

ESPÈCE XI.

HÉMATITE FIBREUSE { *Blut-ſtein* des Allem.
ou *SANGUINE.* L.

Hæmatites ſeu ferrum ſchiſtoſum. Auctor.
*Minera ferri calciformis pura , indurata , cærulef-
cens , vel nigra, vel nigreſcens , vel rubra, vel
flava.* Cronſt. min. 203 , 204 , 205 , 206.
Minera martis vitrea, ſeu nucleus hæmatitæ. Wolt,
min, 31.

Ferrum rubrum, angulofum, ex centro ftriatum.
   Wolt. min. ibid.
Idem globofum extùs punctatum. Wolt. min. ibid.
Ferrum mineralifatum informe, rubro - grifeum,
   ftriis è centro radiantibus. Carth. min. 72.
Ferrum mineralifatum, minerâ figuratâ rubrâ feu
   triturâ rubente. Wall. min. 258.
Ferrum intractabile, rubricans, glandulofum, frag-
   mentis concentratis. Syft. nat. XII. 140. n°. 22.
Mine de fer rouge criftallifée. *Monn. expof. des*
   min. p. 85. n°. 6.

La terre martiale rouge de l'*Hématite*,
n'eft point minéralifée, comme Wallerius
& quelques autres l'ont penfé : elle eft à
l'état de chaux pure, due à la décompofition rapide & à la déflagration des pyrites
par la voiehumide. Lorfque ces pyrites s'en-
flamment & qu'elles éprouvent un dégré
de chaleur affez confidérable & affez long-
temps continué, pour donner lieu à la diffipation de tout l'*acide vitriolique* qu'elles
contiennent, cet acide s'en dégage fous la
forme d'acide fulfureux, en s'emparant du
phlogiftique du fer contenu dans la pyrite.
Alors il ne réfulte point de vitriol, mais
une ochre ou terre martiale, plus ou moins
rouge & très-atténuée, qui charriée par
l'eau, fe dépofe à la manière des ftalactites
& des ftalagmites, pour former la mine
dont il s'agit. On n'en trouve point de crif-

tallisée, ou du moins sa cristallisation est fort confuse, comme on le remarque dans la *Malachite* (♀ M.) qui est un dépôt formé par un *guhr cuivreux*, de même que l'*Hématite* en est un formé par un *guhr martial*. Cette espèce, qui est ou fibreuse ou mammelonnée, rend, suivant les essais de M. Sage, 54 livres de fer par quintal. N'étant point minéralisée, elle n'a pas besoin de passer par le grillage, avant d'être jettée à la fonte. Wallerius dit que cette mine donne quelquefois au quintal jusqu'à 80 livres d'un fer aigre & cassant, qu'on a beaucoup de peine à rendre malléable : M. Lehmann en porte le produit jusqu'à 60 & 70 livres, mais il est rare d'en trouver d'aussi riches.

♂ L. 1. *Hématite fibreuse*, bleuâtre & chatoyante : de la Principauté de Nassau.

♂ L. 2. *Hématite pourpre*, *grivelée*, ainsi nommée, de ce qu'elle imite le plumage de la grive ou de l'étourneau, par des veines en zigzag fines & serrées, d'une nuance plus claire que le fond : d'*Eibenstock*, en Saxe.

Cette espèce, qui est la vraie *Sanguine* ou *Crayon rouge* du commerce, a peu de dureté ; elle est douce & comme onctueuse au toucher ; frottée sur un papier blanc, elle le colore en rouge brun, de même que la mine de *fer micacée rouge* (ci-après Esp. XIII.) qui paroît n'être qu'une variété de cette espèce.

♂ L. 3. *Hématite rouge*, luisante, protubérancée, ou en petits boutons polygones, dont les
stries se concentrent : de *Platte*, en Bohême.

C'est une Hématite de cette variété, beaucoup plus
dure que la précédente, que quelques-uns nomment
Hématite cristallisée.

♂ L. 4. Fragment d'une grande aiguille d'*Hématite rouge*, à longues fibres, très-déliées,
qui partent en divergeant d'un même centre.

Ce fragment a l'apparence d'un morceau de bois ; il
peut aussi se diviser en longs éclats suivant la direction
de ses fibres : c'est ce qu'on appelle vulgairement *Fer-
rette d'Espagne.*

♂ L. 5. Deux autres morceaux de la même
Hématite rouge, à facettes irrégulières : de
Saxe.

L'usage qu'on fait de cette espèce, à cause de sa
dureté, pour brunir l'or en feuilles, lui a fait donner le
nom de *Sanguine à brunir.*

♂ L. 6. *Hématite verdâtre*, en cylindres, dont
les stries se concentrent : de *Wolfgang*, près
d'Eibenstock.

♂ L. 7. *Hématite pourpre*, *tirant sur le brun*,
elle est en partie cylindrique, & en partie
prismatique, ce qui la fait ressembler à un
morceau de bois équarri sur plusieurs faces :
de Bohême.

♂ L. 8. *Hématite brune*, luisante, à fibres contournées, qui lui donnent aussi l'apparence de
certains morceaux de bois : d'*Eichstet*, en
Saxe.

♂ L. 9. *Hématite noire*, hémisphérique & pro-

tubérancée, dont la surface est en partie lisse
& luisante, en partie granuleuse & comme
chagrinée : de *Vit-de-Saulx*, près de Pamiers,
dans le Comté de Foix.

♂ L. 10. *Hématite noire*, luisante & protubérancée : du *Tillot*.

♂ L. 11. Deux fragmens d'*Hématite noire*, luisante & globuleuse : de *Kellerthal*, près de
Geislautern, au Hartz. La surface de l'un est
chargée de petits mammelons ; celle de l'autre est granuleuse & pointillée.

♂ L. 12. Autre morceau dont les mammelons s'allongent en cônes, comme dans les
stalactites.

♂ L. 13. Deux *Hématites noires*, en cylindres
granuleux & protubérancés : de *Gabelen*,
pays de Tréves.

♂ L. 14. *Hématite noire en grappe* & en cylindres, mêlée d'un peu de quartz : de *Voigtland*.

Ce morceau a éprouvé une légère altération, qui
laisse voir les couches minces concentriques qui le
composent.

♂ L. 15. Autre *Hématite en grappe*, dont la
décomposition ou minéralisation est plus
avancée que dans le morceau précédent : du
pays de Tréves.

Le fond brun de ses mammelons est comme bronzé
& nuancé de diverses couleurs ; mais se divisant aisément par écailles, les parties qui sont restées à nud par
la chûte des couches supérieures, ont perdu leur luisant, & sont de couleur d'ochre jaune ou brune, l'intérieur est gris de fer.

♂ L. 16. Autre *Hématite en grappe*, qui se minéralise, ou dont la surface a passé à l'état de *mine de fer micacée, grise* (♂ F. 3.) par l'adjonction d'un peu de soufre.

♂ L. 17. Deux petits morceaux d'*Hématite cellulaire*, de l'*Isle d'Elbe*, dans lesquels ce passage de l'hématite à la mine de fer micacée grise est très-sensible. La superficie des mammelons est vivement colorée.

♂ L. 18. *Hématite* presqu'entièrement décomposée & à l'état de mine de fer micacée grise : le peu qui reste de ses mammelons est de couleur d'or.

♂ L. 19. *Hématite brune*, cellulaire ; de *Gabelen*, pays de Trêves.

♂ L. 20. *Hématite noire*, dont les mammelons se ramifient. On remarque dans ses cassures des dendrites gris de fer , mêlées de mine de fer micacée rouge : de *Scheibenberg*, en Saxe.

♂ L. 21. *Hématite noire* & vitreuse dans ses fractures : de *Noëla* , dans le Marquisat de Bareith. Elle est mêlée d'un peu de quartz & ressemble à des scories.

♂ L. 22. Autre petit morceau , mêlé de mine de fer micacée grise : de l'Isle d'Elbe.

♂ L. 23. Un morceau en deux parties, d'*Hématite brune* mammelonnée, mêlée d'ochre & d'hématite non fibreuse, mais d'un tissu plein & uni , qui paroît mat dans ses cassures : d'*Eibenstock*.

♂ L. 24. *Hématite en cylindres*, totalement décompofée & à l'état d'ochre jaunâtre : elle eft
chargée de mine de fer fpathique, en petites
écailles luifantes, rhomboïdales : de *Bendorf*,
comté de Sayn Altenkirchen. 2 morceaux
variés.

♂ L. 25. *Hématite noire*, *granuleufe*, dans les
cavités d'un quartz blanc, en partie criftallifé : de *Freudenftadt*, Duché de Wirtemberg.

♂ L. 26. *Hématite brune en rézeau*, ou en feuilles minces, percées à jour : de la Principauté
de *Naffau-Ziegen*.

♂ L. 27. Un curieux morceau d'*Hématite
noire, luifante*, en petits mammelons chargés
d'une mine de fer en petites lames tranfparentes, qui ont la couleur & le feu du rubis : de
Naffau-Ziegen.

Voyez ce qui a été dit de cette derniere mine ci-deffus Efp. VII. n°. 7. M. Lehmann en parle dans fon *Examen fur les Mines*, tom. 1. p. 399. de la trad. franç.

♂ L. 28. *Hématite noire*, en végétation, du
même endroit que la précédente.

♂ L. 29. *Hématite noire* & pyrite cuivreufe,
dans une gangue compofée de fpath vitreux
& de quartz criftallifé : de *Buffang*, en Lorraine.

On remarque dans les cavités de ce morceau plufieurs
criftaux de quartz revêtus d'une couche mince d'Hématite : de pareils criftaux ont été pris quelquefois pour
des criftaux d'hématite.

━━━━━━━━━━━━━━━━━━━━━━━━━━━━━

ESPÈCE XII.

HÉMATITE SOLIDE & { *Smirgol* des
COMPACTE : EMERIL. M. { Allemands.

Smiris lapis. Auctor.

Ferrum mineralifatum, duriffimum, fufcum. Carth.
    min. 72.

———— *mineralifatum, minerâ duriffimâ, ra-
paci, folidâ, magneti refractariâ, colore fufco vel ferreo.* Wallerius min.
263.

———— *amorphum petræ vitrcfcentis.* Wolt.
    min. 31.

Cette efpèce differe de la précédente en
ce qu'elle eft moins riche en fer, & qu'elle
n'eft ni ftriée ni mammelonnée, mais d'un
tiffu plein, ferré & uni. On la trouve en
maffes pefantes, très-compactes, prefqu'à
la furface de la terre, & même en plein air
dans les montagnes les plus anciennes du
globe, où elle forme des roches fort confidérables. Les plus riches de ces Hématites, telles que celle de *Corté*, donnent 27
à 30 livres de fer par quintal : celles qui
ont éprouvé pendant plufieurs fiécles les
injures de l'air, font moins riches en fer,
mais leur extrême dureté les fait recher-
cher, fous le nom d'*Eméril,* pour polir

l'acier, le verre & les pierres les plus dures. Toutes ces mines ne font point attirables par l'aimant : on donne cependant auſſi le nom d'*Eméril* à une autre mine de fer attirable à l'aimant, dont j'ai parlé ci-deſſus. ♂ C. 15 & 16.

♂ M. 1. *Hématite rougeâtre, ſolide & compacte*, qui dans ſa caſſure tire un peu ſur le gris. Elle vient de l'Iſle de Corſe, où elle a été découverte en 1771, près de *Corté*, par Mrs Tronſon & Beſſon.

 Cette mine ne donne dans le grillage aucune odeur de ſoufre ni d'arſénic, & peut être traitée ſans fondans.

♂ M. 2. *Hématite ſolide, rougeâtre*, mais griſe & luiſante dans ſes caſſures : un de ſes côtés, qui paroît avoir été expoſé aux injures de l'air, eſt chargé d'un quartz blanc, cellulaire.

♂ M. 3. *Hématite ſolide, griſe*, du Pays de Naſſau, près d'*Embs*. Ses cavités ſont tapiſſées de mine de fer micacée griſe. (*Voyez* ♂ F. 3. & ♂ L. 16.)

♂ M. 4. *Hématite ſolide, noirâtre*, qui, dans ſes caſſures, eſt d'un gris de fer luiſant : du *Tillot*.

♂ M. 5. *Emeril rouge* du Commerce, ou roche quartzeuſe très-dure tenant fer : elle a quelque reſſemblance avec le Jaſpe rouge.

 Ce morceau a rendu à l'eſſai 12 livres de fer par quintal.

♂ M. 6. *Emeril rouge foncé*, ou quartz opaque coloré par le fer qu'il contient : de *Laengbans* en Wermelande.

ESPÈCE XIII.

***HÉMATITE FRIABLE EN PAILLETTES** N.* } *Eisenram* des Allem.

Hæmatites ruber squamosus. Cronst. min. 205.
  3. b.
Mica ferrea, rubra. Wall. min. 266. 2.
*Ferrum intractabile rubricans, rubrumque, punctis
  impalpabilibus, nitidis.* Syst. nat. XII. 141.
  nº. 23.
Mine de Fer rouge micacée. *Sage, Elém. de min.
  doc. p.* 209. *esp.* XI.

Cette espèce ne differe de l'Hématite
rouge, appellée *sanguine à crayon*, que par
son tissu plus lâche & comme écailleux,
rempli de petits points luisans. Elle est
grasse au toucher, comme la Molybdêne,
& tache les doigts d'une couleur rouge
foncée. Cette mine, suivant M. Sage,
produit un très-bon fer ; elle est même
assez riche & n'a pas besoin du grillage,
puisqu'elle n'est minéralisée ni par le soufre, ni par l'arsénic, ce qui joint à sa couleur, suffit pour la faire distinguer de la
mine de fer micacée grise, (♂ F.) que Wallerius & quelques autres avoient rangée
avec elle sous la même espèce.

♂ N. 1. *Hématite friable en paillettes*, d'un rouge-pourpre foncé, qui ont peu d'adhérence entr'elles, si l'on en excepte quelques parties disposées par couches plus solides. La surface de ces dernières est assez lisse, sans être spéculaire, comme celle des morceaux suivans : d'*Eibenstock*, en Saxe.

Ce morceau a rendu 36 livres de fer par quintal.

♂ N. 2. Un morceau de la même *Hématite*, *ou mine de fer rouge micacée*, dont la superficie lisse & luisante, réfléchit les objets comme un miroir.

♂ N. 3. Autre, où cette *Hématite friable &* *spéculaire* n'est que superficielle, sur une *Hématite rougeâtre*, *solide*, compacte & assez dure, pour donner des étincelles lorsqu'on la frappe avec le briquet.

ESPÈCE XIV.

F LEURS D'*HÉMATITE*, ou MINE DE FER SPONGIEUSE. O.   { *Eisen - blumen* des Allemands.

Flores hæmatitæ vel *minera ferri spongiosa*. Nobis. Mine de fer noirâtre, cellulaire & très-légère : *Sage*, *Elém. de min.* doc. p. 212. *Esp.* XIII.

Soit que cette espèce provienne de la décomposition d'une hématite noire, ou qu'on la regarde comme un guhr ferrugi neux qui a déjà pris de la confiftence, c'eft toujours une chaux de fer très-atténuée, qui a été remarquée depuis peu dans les mines de *Kuniz* en Thuringe & de *Noëla* dans le Marquifat de Bareith. Tantôt elle forme des maffes cellulaires & protubérancées d'une légereté finguliere : tantôt elle incrufte, fous la forme d'une efflorefcence granuleufe, la furface & les interftices de certaines hématites. Dans l'un & dans l'autre cas, cette *Fleur de fer* eft très-friable, douce au toucher, nuancée de gris & de rougeâtre; quelquefois luifante comme l'*or* ou l'*argent de chat*, quelquefois brune & obfcure, & s'attachant aux doigts pour peu qu'on y touche. M. Sage dit qu'elle contient du cobalt : la rareté de cette mine n'a pas encore permis d'évaluer, par l'effai, quel peut être fon produit. Quoiqu'il en foit, le nom de *Fleur de fer* lui convient beaucoup mieux qu'à la *ftalactite calcaire* de *Stirie*, connue fous le nom impropre de *flos ferri*.

♂ O. 1. *Fleurs d'Hématite fpongieufes*, fous la forme d'une maffe globuleufe, très-légère, d'un gris rougeâtre, & qui colore les doigts : de *Noëla*.

Voyez le Catal. raif. de 1772, art. 1159-1164.

♂ O. 2. *Fleurs d'Hématite granuleufes*, d'un gris argentin, dépofées fur une hématite noire en partie décomposée : de *Kunitz*, en Thuringe.

♂ O. 3. *Fleurs d'Hématite noires*, superficielles, dans les cavités d'une hématite brune, mêlée de mine de fer micacée grife, d'ochre martiale & de petits criftaux de fpath très-diaphanes : des *Pyrénées*.

ESPÈCE XV.

MINE DE FER SPATHIQUE P. { *Schal-ftein* ou *Weiff-eifenertz* des Allemands.

Minera martis fpatofa feu *Minera chalybis* Auctorum, vulgò *Mine d'acier*.

Minera ferri alba fpatiformis, Wall. min. 253. 3.

Ferrum fpatofum, colore gilvo feu badio. Wolt. min. 31.

———— *intractabile albicans, fpatofum*. Syft. nat. XII. 141. n°. 26.

Terra calcarea marte intimè mixta, indurata. Cronf. min. 30. 32. 33.

Cette efpèce eft minéralifée par l'*Acide marin*, lequel s'y trouve, fuivant M. Sage, dans la proportion de 35 à 40 livres par quintal. Elle me paroît devoir fon origine à du fpath pénétré & décompofé par le fer qui provient de la décompofition des pyrites par la voie humide. En admettant cette tranfmutation, il y a lieu de préfumer qu'elle s'opère de la maniere fuivante : Si

l'Acide vitriolique étendu d'eau, qui sert de véhicule à la terre martiale, vient à rencontrer un spath calcaire, celui-ci s'altère, se décompose, sans perdre la forme qui lui est propre, mais en se décomposant il réagit sur l'acide vitriolique chargé de fer; par-là cet acide se modifie & passe à l'état d'*Acide marin*. La *Mine de fer spathique* est ordinairement blanche ou grise : celle qui est fauve, ou rougeâtre, ou jaune, ou brune, ne doit ces couleurs qu'aux différens dégrés d'altération qu'elle a reçus dans le sein de la terre. Sa forme est presque toujours lamelleuse & rhomboïdale, comme le Spath calcaire; cependant elle prend aussi quelques-unes des autres figures qui sont propres à ce genre de pierre. Elle est plus ou moins dure, & souvent assez pour donner des étincelles lorsqu'on la frappe avec le briquet. Il est rare d'en trouver qui fasse effervescence avec les acides : la plupart de celles qui sont dans ce cas, ne sont qu'un *Spath calcaire* plus ou moins riche en fer, mais qui n'a point reçu le dégré d'altération nécessaire, pour être à l'état parfait de *fer spathique*. Cette mine ne doit point être torréfiée, à moins qu'il ne s'y trouve encore des pyrites non décomposées. Lorsqu'on l'expose au feu, elle devient en un instant noire & attirable par l'aimant, ce
qui

qui fournit un moyen très-prompt & très-facile de s'assurer de la présence du fer dans cette mine. Wallerius , qui la confond avec une stalactite calcaire blanche ramifiée , connue sous le nom impropre de *flos ferri* , dit qu'elle peut rendre depuis 30 jusqu'à 60 & même 90 livres de fer par quintal ; mais elle en produit rarement plus de 39 à 40 livres. La bonne qualité de ce fer & la facilité avec laquelle il passe à l'état d'*acier* , ont fait donner , par les Allemands, aux mines de cette espèce, le nom de *Mines d'acier*. (Stahl-stein.)

♂ P. 1. *Mine de fer spathique blanche* ou d'un gris clair, en petites lames rhomboïdales luisantes , grouppées comme celles des spaths perlés. Elles sont entremêlées de petits cristaux de roche & de marcassites colorées : de *Kunitz* , en Thuringe.

♂ P. 2. Autre morceau de la même variété , dans lequel les pyrites cuivreuses , violettes & azurées , sont accompagnées de pyrites martiales & de petits cristaux de sélénite prismatique , très-diaphanes.

♂ P. 3. *Mine de fer spathique grise* , en petites lames rhomboïdales , chargées de pyrites martiales & cuivreuses : du même endroit que les précédentes.

Dans ce morceau la *mine de fer spathique* est entremêlée d'un spath calcaire blanc de même forme , auquel elle paroît devoir son origine.

K

♂ P. 4. *Mine de fer spathique blanche*, en cristaux lenticulaires, luisans & chatoyans, formés par l'aggrégation d'une multitude de petites lames rhomboïdales : ces cristaux, qui sont posés de champ, comme ceux des spaths dits en *crêtes de coq*, ont pour base un grouppe de cristaux de roche & de *mine d'argent grise en cristaux triangulaires*. (☽ E. 1.) On y remarque aussi quelques *marcassites cuivreuses pyramidales*, (♁ F. 1.) dont la forme est absolument la même que celle des cristaux de mine d'argent grise. Ce curieux morceau vient de *Baygorri*, en basse Navarre.

♂ P. 5. Deux échantillons de *mine de fer spathique grise*, en petits cubes rhombéaux très-réguliers : de *Voigtland*.

♂ P. 6. *Mine de fer spathique blanche*, en masse irrégulière formée de lames rhomboïdales comme le spath calcaire : d'*Alvar*, en Dauphiné.

On voit sur ce morceau l'altération que cette mine a éprouvée à sa surface, qui est brune & chargée d'ochre.

♂ P. 7. *Mine de fer spathique grise* & tirant sur le fauve ; elle est en masse solide, lamelleuse : de *Noëla*, dans le Marquisat de Bareith.

♂ P. 8. Autre morceau dont la couleur s'altère jusqu'au brun foncé : d'*Alvar*.

♂ P. 9. *Mine de fer spathique blanche & rougeâtre* : de *Bendorff*, dans l'Electorat de Trèves.

♂ P. 10. Autre du même endroit, chargée de marcassites & de verd de montagne.

♂ P. 11. *Mine de fer spathique blanche & brune*, mêlée de mine de cuivre jaune : de *Henen*, Pays de Cologne.

♂ P. 12. Autre morceau, chargé de galêne.

♂ P. 13. *Mine de fer spathique noire* ou d'un brun luisant, qui a fait donner à cette variété par quelques-uns le nom de *spéculaire* : du *Hartz*.

♂ P. 14. Autre morceau de la même variété, mais entremêlé de spath calcaire blanc, de Pyrites cuivreuses & d'un peu d'ochre martiale : du *Hartz*.

Les parties brunes, même celles qui n'ont aucun contact avec le spath calcaire blanc, font effervescence avec l'acide nitreux, quoique déjà pénétrées par le fer. Ce morceau paroît donc indiquer le passage du spath calcaire à l'état de *fer spathique*, par l'intermède des Pyrites qui se décomposent : ce même passage se fait encore remarquer dans les morceaux décrits ci-dessus, ♀ H. 11. & 13.

♂ P. 15. *Mine de fer spathique brune* en petites lames rhomboïdales, grouppées en mammelons & chargées d'un spath calcaire de même forme, coloré mais non minéralisé par le fer : de *Kunitz*, en Thuringe.

Voyez le Catal. rais. de 1772, art. 1116. 1095 & suiv.

♂ P. 16. *Spath calcaire pyramidal* triëdre, coloré en brun par le fer qu'il contient, sans avoir été décomposé, comme les précédens : de *Kunitz*.

♂ P. 17. *Spath calcaire blanc rhomboïdal*,

dont la superficie, mêlée de pyrites cuivreuses, est à l'état de *mine de fer spathique* : quelques endroits de ce morceau sont enduits de verd de montagne.

♂ P. 18. *Mine de fer spathique grise, jaune & brune*, mêlée de petits cristaux de roche d'un blanc mat : de *Voigtland*.

ESPÈCE XVI.

MINE DE FER LIMONNEUSE. Q. { *Eisen-stein. Lese-stein. See-ertz* des Allem.

Tophus martis vel *minera ferri subaquosa seu palustris.* Auctor.

Ferrum argillâ mineralisatum, minerâ intrinsecè colore ferreo, vel cæruleo. Wall. min. 261.

Minera ferri calciformis pura, friabilis, concreta in globulis, vel in granulis, vel lenticularis. Cronst. min. 202. A. 2. a. b. c. d. e.

Minera martis pisiformis vel in globulis minutis. Wolt. min. 31.

Tophus Tubalcaini seu humoso-ochraceus. Syst. nat. XII. 187. n°. 5.

Mine de fer commune ou marécageuse : *Lehmann, Art des min. métal. p. 131. trad. fr.*

———— en grains ou par couches. *Sage, Elém. de min. doc. p. 207.*

———— en chaux jaunâtre ou rougeâtre, ou grise, &c. *Monn. Expos. des min. p. 83. & suiv. n°. 1, 4, 7 & 9.*

Les mines de fer de cette espèce, aussi variées dans leur forme que dans leur tissu, sont toutes des mines de transport ou de seconde formation, que l'on trouve dans les couches & même à la surface de la terre. Elles sont la plupart, des résultats du vitriol formé par la décomposition lente des Pyrites martiales. Ces dépôts ochracés varient beaucoup dans leur couleur, à cause des différentes terres auxquelles ils sont unis : il y en a de sablonneux, de graveleux, de calcaires & d'argilleux ; mais en général leur dureté est peu considérable & ils ne sont pas attirables par l'aimant. Ils contiennent souvent du zinc, qui se sublime dans l'opération de la fonte, comme l'a très-bien observé M. Grignon. Ces mines étant moins pures que l'hématite, sont aussi moins riches ; elles rendent depuis 25 jusqu'à 40 livres de fer par quintal. La qualité de ce fer varie suivant la nature de la terre non métallique avec laquelle l'ochre martiale étoit mêlée : c'est même de la qualité de cette terre non métallique, que dépend la fusibilité plus ou moins grande des mines dont il s'agit.

♂ Q. 1. *Mine de fer limonneuse rougeâtre*, qui, dit-on, contient un peu d'or. Elle est connue sous le nom de *roussier de Pontoise*.

K iij

Minera ferri subaquosa rubens. Wall. min. 261. 1.

♂ Q. 2. *Mine de fer limonneuse en globules*, de la grosseur d'un pois & au dessous : de *Franche-Comté.*

Minera ferri subaquosa globosa. Wall. min. 261. 5.

♂ Q. 3. Autre, en très-petits grains détachés, auxquels on donne souvent le nom d'*Oolites*, à cause de leur ressemblance à des œufs de poisson. Elle vient du même endroit que la précédente.

♂ Q. 4. *Mine de fer limonneuse* en très-petits grains, dans une pierre calcaire : aussi de *Franche Comté.*

On mêle cette mine en petits grains avec celle à plus gros grains (var. 2.) pour faciliter la fusion de cette dernière, qui est argilleuse ; mais celle à petits grains peut être traitée seule à cause de la pierre calcaire dans laquelle elle se trouve, & qui lui sert de fondant.

♂ Q. 5. *Mine de fer limonneuse* en petits grains disposés par couches de 5 à 6 lignes d'épaisseur. Cette mine, dont l'intérieur est d'un bleu noirâtre, est couleur de rouille à sa surface. On la trouve dans les environs de *Beauvais* : elle tient un peu d'or.

Minera ferri subaquosa nigro-cœrulescens. Wall. min. 261. 3.

♂ Q. 6. *Mine de fer limonneuse en géodes*, ou formée par couches minces autour d'un noyau mobile : de *Lorraine.*

On lui a attribué plusieurs propriétés fabuleuses sous le nom d'*Ætite* ou *Pierre d'aigle.*

♂ Q. 7. *Mine de fer terreuse*, d'un gris rouſſâtre, à particules très-fines : qui ont peu d'adhérence entr'elles : d'*Angleterre*.

Elle eſt connue dans le commerce ſous le nom de *Pierre pourrie*.

♂ Q. 8. *Mine de fer lenticulaire*, rougeâtre, avec des empreintes qui paroiſſent dues à des entroques.

♂ Q. 9. *Cadmie des fourneaux* où l'on fond la mine de fer en grains de Champagne.

Cette Cadmie m'a été donnée par M. *Grignon*, qui le premier a obſervé que nos mines de fer limonneuſes contenoient du Zinc.

ESPÈCE XVII.

OCHRE MARTIALE PURE, ou SAFRAN DE MARS NATIF. R. { *Eiſen-ocher* des Allem.

Ochra martis ſeu ochra ferrea. Auctor.

Ferri terra præcipitata, non mineraliſata. Wall. min. 262.

Ferrum terreum, luteum, friabile. Wolt. min. 31.

Ochra ferri pulverea lutea vel rufa. Syſt. nat. XII. 192. n°. 1 & 2.

Minera ferri calciformis pura, friabilis, pulverulenta, lutea vel rubra. Cronſt. min. 202. A. 1. a.

Pyrites ochram referens. Bom. miner. 2. p. 13.

Cette eſpèce ne diffère de la précé-

dente, qu'en ce qu'elle eſt plus pure, &
que les particules qui la compoſent ont ordinairement moins d'adhérence entr'elles.
La plus pauvre en fer eſt rangée parmi les
terres & n'eſt d'uſage que dans la peinture ;
mais il s'en trouve quelquefois d'aſſez riche
pour mériter l'exploitation. Il y a des
ochres jaunes qui, ſuivant M. Sage, rendent juſqu'à 48 livres de fer par quintal. M.
Lehmann a auſſi obſervé que les terres fer-
rugineuſes, telles que l'*Ochre*, contenoient
ſouvent une grande quantité de fer. Il
n'eſt pas rare de rencontrer des Pyrites martiales totalement décompoſées par la perte
de leurs principes minéraliſans : le fer
qu'elles contiennent eſt alors à l'état d'*O-
chre* ou de *chaux pure* ; & quoiqu'elles con-
ſervent leur forme primitive, elles ne ſont
plus aſſez dures pour faire feu avec le briquet, à moins qu'elles ne ſoient encore en
partie à l'état de mine de *fer brune* ou *hépatique*. (♂ J.)

♂ R. **1.** *Mine de fer ochreuſe* en rognon : du
Dioceſe d'*Aleth*. Elle provient de la décompoſition d'une *Pyrite martiale en globules*, dont
elle a conſervé la forme. Elle eſt cellulaire
dans ſon intérieur où l'on remarque quelques
parties qui ſont encore à l'état de *mine de fer
brune ou hépatique*.

    Pyrites ochracea, arida, fragilis & cellularis. Bom.
min. 2. p. 14.

ESPÈCE. XVIII.

MINE DE FER FIGURÉE, ou *Corps étran-gers pénétrés par le Fer.* S.
Corpora peregrina marte seu pyrite imprægnata. Cronst. min. 287. C.
Larvæ ferriferæ seu ferrum calciforme vel minerali-satum corpora peregrina ingressum. Cronst. min. 291. c. 1. & 292. c. 2.

On comprend sous cette dénomination; 1°. Les corps du Régne végétal, tels que les *bois*, les *racines*, &c. qu'on rencontre soit dans l'état pyriteux, soit dans l'état d'o-chre après la vitriolisation de la Pyrite. 2°. Les corps du Régne animal, tels que les *madrépores*, les *oursins*, les *coquilles*, les *os des quadrupedes*, &c. que l'on trouve aussi soit dans l'état pyriteux, & alors on peut les ranger dans l'espèce de la *Pyrite martiale* (♂ H. ou ♀ B); soit dans l'état d'ochre due à la décomposition du vitriol martial, par l'intermede de la terre cal-caire; ils appartiennent alors à la *mine de fer ochreuse* (♂ R.) & quelquefois à la *mine de fer hépatique* (♂ J.)

♂ S. 1. *Cornes d'Ammon*, les unes pyriteuses,

les autres minéralisées en fer : de *Suisse* & de *Franche-Comté*. Parmi ces dernieres, il y en a de brunes, de couleur de rouille, & d'autres qui sont incrustées d'une couleur d'or superficielle. Les plus décomposées sont dans une mine de fer en petits grains semblables à des Oolites. (♂ Q. 3.)

♂ S. 2. Grouppe d'*Ostréopectinites* minéralisées en fer : des environs de *Coblents*.

♂ S. 3. Amas d'*Entroques radiées*, minéralisées en fer : de la *Principauté de Salm*.

♂ S. 4. *Idem*, avec un *Madrépore fongite* aussi minéralisé.

♂ S. 5. *Hystérolites* ferrugineuses : d'*Oberlanstein*.

L'Hystérolite est le noyau d'une Poulette ou Térébratule fossile.

♂ S. 6. Grouppe de petites *cornes d'Ammon* minéralisées en fer : de *Freyenwald*.

Elles ont passé par l'état pyriteux, & sont entremêlées de petites cames non minéralisées.

♂ S. 7. *Ichtyolite* ferrugineuse, ou poisson en relief, minéralisé en fer, dans du schiste : de la Principauté de *Salm*.

Ce poisson paroît être de l'espèce du *Meusnier*.

♂ S. 8. Autre *Ichtyolite* à l'état de mine de fer brune ou hépatique, dans une boule schisteuse, ovoïde & comprimée : d'*Ilménau*.

Ce morceau, qui est en deux parties, a passé par l'état de *Pyrite cuivreuse* ; il est mêlé d'un peu de verd de montagne.

♂ S. 9. *Bois minéralisé ferrugineux*, à l'état d'ochre ou de safran de mars natif : de la *Lorraine Allemande*.

♂ S. 10. Bois minéralisé pyriteux : de *Picardie*.

ESPÈCE XIX.

MINE DE FER BLEUE ou ALKALINE. T. *Calx martialis phlogisto juncta & alcali præcipitata*, Cronst. min. 208. 9,
Terre martiale bleue ou bleu de Prusse natif : de M. Cronstedt. *Ibid.*

M. Cronstedt est jusqu'à présent le seul Minéralogiste qui ait parlé de cette espèce. C'est, suivant lui, la chaux du fer unie au phlogistique & précipitée par un alkali. On la trouve, dit-il, sous la forme d'une poudre bleue dans la tourbe des plaines de Scanie, de même qu'à Weissenfels en Saxe, & à Nordland en Norwege. M. de Justi a parlé d'une *mine d'argent alkaline*. (☽ Q.) Les *Cristaux d'azur de cuivre* sont aussi, selon M. Sage, une mine alkaline (♀ N.) mais ni l'un ni l'autre Auteur n'a fait mention de cette mine de fer alkaline.

ESPÈCE XX.

MINE DE FER CHARBONNEUSE ou COMBUSTIBLE. V.
Minera ferri phlogiflica. Cronft. min. 161 B.

Cette efpèce, dit M. Cronftedt, ne paroît pas différer fenfiblement du charbon de terre ou de la poix minérale, mais elle eft plus dure. Cet Auteur en diftingue deux variétés ; l'une qui eft fixe au feu, & qui, lorfqu'on la brûle, donne une flamme foible & de peu de durée : elle conferve la forme qu'elle avoit avant la combuftion & perd feulement un peu de fon poids : fon produit va jufqu'à 30 livres de fer par quintal: l'autre, qui eft volatile, fe diffipe prefqu'en entier fous la mouffle & ne laiffe après elle qu'une petite quantité de chaux de fer, mêlée quelquefois d'un peu de cuivre. Elle eft inaltérable lorfqu'elle a le contact des charbons.

M. Cronftedt met encore au nombre des mines de fer *la Pouzzolane des environs de Naples & de Civita Vecchia*, qui, dit-il, eft d'un brun rougeâtre, riche en fer & affez fufible, de même que le *Cément endurci des environs de Cologne*, qui eft d'un jaune blanchâtre & qui contient auffi beaucoup de fer. Il défigne ainfi ces deux espèces qui ont la propriété de s'endurcir promptement dans l'eau : *Calx Martis terrâ incognitâ aquâ indurescente mixta.* **Cronst. min. 209. 4.**

Il paroît aussi que M. Cronstedt, trompé sans doute par de faux *Cristaux d'Etain blancs*, les a tous regardés indistinctement comme une mine de fer, qu'il désigne par la phrase suivante : *Ferrum calciforme terrâ quâdam incognitâ intimè mixtum.* **Cronst. min. 210. i.**

» Cette espèce, dit-il, improprement appellée *Cris-*
» *taux d'Etain blancs*, ressemble aux grenats & aux
» cristaux d'étain, & est presque aussi pesante que la
» mine d'étain pure, mais elle est tort réfractaire &
» difficile à réduire ; cependant on en a tiré plus de 30
» livres de fer par quintal. Elle est, continue cet Au-
» teur, tantôt solide & en petits grains rougeâtres ou
» couleur de chair, ou jaunes ; tantôt feuilletée com-
» me le spath, mais paroissant onctueuse à sa surface ;
» elle est alors blanche ou de couleur de perle.

La prétendue *mine de fer arsénicale striée* d'Altenberg, appellée aussi *Wolfram d'Altemberg*, n'est qu'un *Schorl noir prismatique strié*, qui contient à la vérité un peu de fer, mais pas un atôme d'arsénic. Le *Mispickel* l'accompagne quelquefois ; c'est peut-être ce qui a induit en erreur sur son compte. Quoi qu'il en soit, cette espèce ayant été prise pour une mine de fer arsénicale, pauvre & réfractaire, mêlée d'étain, les Minéralogistes l'ont désignée par les phrases suivantes : *Minera ferri arseni-calis seu spuma lupi.* Auctor. *Lupus Jovis seu ferrum nigrum radiatum, Jovem adulterans.* Wolt. min. *Ferrum mineralisatum griseo-nigrum splendens, lateribus planis striatis.* Carth. min. *Ferrum arsenico mineralisatum, minerâ nigrâ vel fuscâ, attritu rubente, crystallisatâ, planis nitidis splendente.* Wall. min.

ÉTAIN ♃ *Jupiter Chymicorum.*

ESPÈCE I.

MINE D'ÉTAIN BLANCHE. A. { *Zinn-fpath* ou *Zinn-ftein* des Allemands.

Stannum fpathi. Vog. min. **166. 461.** Juft. min. **120.**

Lapides fpatacei ftanniferi. Waller. min. **291. 1.**

Stannum fpatofum, *fubdiaphanum*, *album.* Syft. nat. XII. **131.** n°. **4.**

———— *mineralifatum*, *fpathaceum*, *pondero-fum*, *fubdiaphanum album.* Carth. min.

Le tiffu lamelleux de cette efpèce, joint à fa couleur blanche, l'ont fait regarder par la plupart des Minéralogiftes comme un fpath, à la vérité fort pefant, mais peu riche en étain. Quelques-uns même, tels que M. Cronftedt, l'ont mife au nombre des mines de fer (*voyez ce qu'il en dit ci-deffus*, *pag. 157*) : mais M. Sage ayant eu des morceaux d'étain blanc, affez confidérables pour en faire l'effai, ce Chymifte a reconnu qu'ils étoient minéralifés par l'*acide marin*, comme les autres Criftaux d'étain. Ils en différent cependant par leur couleur plus ou moins blanche & par leur richeffe, puifqu'ils rendent 64 livres par quintal d'un étain très-pur & très-ductile, dont la couleur blanche & brillante, loin de se ternir, n'a pas souffert au bout de 3 ans la plus légere altération. (*Voyez les Elém. de minér. doc. p. 239.*)

♃ A. 1. *Cristal d'étain blanc*, détaché de la gangue à laquelle il adhéroit : d'*Altenberg*, en Saxe. Ce cristal, où l'on remarque la forme octaëdre qui est propre à cette espèce, (*Ess. de crist. p. 340*) est d'un blanc mat, lamelleux comme le spath, mais plus pesant & demi transparent dans les parties les plus minces: Rare.

♃ A. 2. Petit lingot d'étain, obtenu par M. Sage, de la mine d'étain blanche en cristaux octaëdres.

♃ A. 3. *Etain vierge du commerce*, ainsi nommé parce qu'il est pur & sans alliage : il vient de la fonderie d'*Ehrenfriedersdorf*, en Saxe.

♃ A. 4. Autre morceau d'étain raffiné du même endroit : sa surface est panachée des plus vives couleurs.

ESPÈCE II.

Mine d'étain colorée. B. { *Zinn-graupen* & *Zinn-Zwiter* des Allemands.

Minera stanni polyedra seu crystallus stanni, & minera crystallorum stanni. Auctor.

Stannum calciforme induratum seu *minera stanni vitrea arsenicalis amorpha vel crystallisata.* Cronst. min. 181. A. 1. a b.

—————— *ferro & arsenico mineralisatum minerâ* vel *crystallisatâ, figurâ polyedricâ, diverso colore,* vel *irregulari, crystallis mineralibus stanni minimis ac lapide compositâ.* Wall. min. 289 & 290.

—————— *mineralisatum, crystallinum, crystallis ponderosis, pyramidatis, irregularibus, duris,* vel *crystallis arctè aggregatis compositum.* Carth. min.

—————— *polyedrum, ponderosum, plerumque nigrum,* vel *crystallis aut granis minoribus petræ immixtum.* Wolt. min. 32.

—————— *tesseris crystallinis vel granis crystallinis aggregatis.* Syst. nat. XII. 130. n°. 1 & 2.

Ingemmatio stanni. Imperat. Hist. nat. 519.

Cette mine, dont la plupart des Minéralogistes ont fait deux espèces distinctes, eu égard au plus ou au moins de grosseur des cristaux qui la composent, n'est qu'une seule & même espèce qui, suivant les essais de M. Sage, est composée d'acide marin, d'étain à l'état de chaux, de fer & d'une petite portion de cobalt. (*Elém. de minér. doc. p. 240.*) Elle rend par quintal aux environs de 50 à 54 livres d'étain, lequel est moins pur & moins ductile que celui de l'espèce précédente, à cause de la petite quantité de fer & de cobalt avec laquelle il reste uni après la fusion. La couleur noire,

ou

ou brune ou rougeâtre des *Criſtaux d'étain*
a plus ou moins d'intenſité , ſelon qu'ils
contiennent plus ou moins de ces ſubſtances hétérogênes. Ces criſtaux n'étant point
minéraliſés par l'arſénic, on ne doit point
les torréfier , excepté dans les cas où ils
ſont mêlés de *Pyrite arſénicale* ou de *Pyrite ſulfureuſe*. Il eſt vrai qu'il eſt aſſez ordinaire de trouver la mine d'étain jointe à
l'une ou à l'autre de ces Pyrites & ſur-tout
à la premiere : ce qui peut-être n'a pas peu
contribué à faire croire que l'arſénic y entroit comme minéraliſateur ; mais les ana-
lyſes les mieux faites & les plus variées,
prouvent que l'*Acide marin* eſt le ſeul qui
en faſſe ici les fonctions.

♃ B. 1. *Criſtal d'Étain noir*, formé par un cube
ou parallèlepipede rectangle dont les bords
ſont tronqués : de Saxe.

> Ce criſtal rare par la régularité de ſa forme, eſt ce-
> lui qui ſe trouve décrit dans l'*Eſſ. de Criſt. p. 338 &
> ſuiv.*

♃ B. 2. Un gros *Criſtal d'Étain noir*, mais rougeâtre & vitreux dans ſa fracture. On y diſtingue quelques petits criſtaux d'étain blancs :
de *Schlackenwald*, en Bohême.

♃ B. 3. Quatre *Criſtaux d'Étain noirs* de figure
peu régulière. Les uns approchent plus ou
moins de la forme cubique , & les autres de la
forme pyramidale.

L

Stannum cryſtallis pyramidatis irregularibus nigris.
Syſt. nat. IX. 185. n°. 1. Stannum polyedrum irregulare
nigrum. Gron. ſuppel. 10. n°. 31-41. Cryſtalli minera-
les ſtanni nigra. Wall. min. 289. 5.

♃ B. 4. Petit groupe de *Criſtaux d'Étain noirs*,
luiſans, pyramidaux, dans une gangue talqueuſe & micacée blanche, mêlée de fauſſes
améthiſtes & de criſtaux baſaltiques : d'*Altenberg*, en Saxe.

♃ B. 5. Petits *Criſtaux d'Étain noirs*, épars
dans une pierre talqueuſe micacée d'un blanc
jaunâtre, graſſe & onctueuſe au toucher :
d'*Altenberg*.

♃ B. 6. *Mine d'Étain noire ſolide*, ou amas de
petits criſtaux d'étain noirs & rougeâtres,
preſque ſans gangue : de *Cornouailles*, en Angleterre.

> *Minera cryſtallorum ſtanni nigra & rubiginoſa.* Wall.
> min. 290. 2 & 4.

♃ B. 7. Petits *Criſtaux d'Étain noirs*, entremêlés de feld-ſpath & de mica : de *Zinnwald*,
en Bohême.

♃ B. 8. *Criſtaux d'Étain bruns*, dont quelques-
uns tirent ſur le jaunâtre, avec mica : de *Johann-Georgenſtadt*, en Saxe.

> *Cryſtalli minerales ſtanni granatico colore.* Wall. min.
> 289. 4.

♃ B. 9. *Mine d'Étain rougeâtre* ou hépatique,
ſolide & criſtalliſée, mêlée de Pyrite blanche
arſénicale, dans du quartz : d'*Eibenſtock*, en
Saxe.

♃ B. 10. Autre morceau de la même variété, qui contient de plus de petits criftaux d'étain blancs : de *Schlackenwald*.

♃ B. 11. *Criftaux d'Étain rougeâtres*, mêlés de Pyrite blanche arfénicale dans du quartz , & en partie recouverts d'une terre argilleufe grife mammelonnée: d'*Ehrenfriederfdorf*.

> *Cryftalli minerales ftanni rubefcentes.* Wall. min. 289. 3.

♃ B. 12. Petits criftaux blancs dont la forme approche de celle de la topafe de Saxe, & qui paffent pour *criftaux d'Étain blancs*. Ils font entremêlés de criftaux d'étain noirs & rougeâtres, fur du quartz rempli de Pyrites blanches arfénicales ; de *Schlackenwald*.

> *Cryftalli minerales ftanni albefcentes* Wall. min. 289.
> 1. Henckel dit, au fujet de la mine d'étain blanche qui a l'apparence du fpath (ci-deffus Efp. I.) » Ces crif-
> » taux blancs tirent roujours un peu fur le jaunâtre , ce
> » qui rend fufpecte la mine d'étain de Schlackenwald ,
> » qui eft toute blanche, fur-tout, attendu que , de
> » quelque façon qu'on s'y prenne, on ne peut en tirer
> » de l'étain ; il y auroit plutôt lieu de croire que cette
> » mine eft ferrugineufe. (*Introd. à la Minér. trad. fr.*
> » *p. 127.*) M. Cronftedt , fans avoir égard à cette diftinction d'Henckel , a regardé tous les criftaux d'étain blancs comme une mine de fer, (ci-deffus, p. 157.)

♃ B. 13. Trois autres morceaux variés de la même mine; plufieurs des criftaux qui paffent pour être d'Etain blanc tirent fur le rou-geâtre, d'autres font tranfparens, &c.

♃ B. 14. Mine d'Etain rougeâtre folide & crif-tallifée, mêlée de mine d'arfénic blanche , de quartz & d'une pierre talqueufe blanche , mammelonnée : d'*Ehrenfriederfdorf*.

L ij

Ce morceau a produit à l'essai 50 livres d'étain par quintal. *Minera crystallorum stanni rubra.* Wall. min. 290. 2.

♃ B. 15. Grouppe de très-petits *Cristaux d'Étain rouges* & transparens comme des grenats : du même endroit que les précédens.

> *Crystalli minerales stanni pellucentes.* Wall. min. 289. 6. On a donné quelquefois le nom de *Grenats d'étain* à des cristaux basaltiques rouges, dodécaèdres, qui contiennent du fer, mais point du tout d'étain : ceux dont il s'agit ici sont très-différens.

♃ B. 16. *Cristaux d'Étain bruns*, dans du quartz gras, sur lequel plusieurs ont laissé leur empreinte : de *Schœnfeld.*

♃ B. 17. *Cristaux d'Étain rouges transparens*, parmi lesquels il s'en trouve quelques-uns qui ont la couleur de la topaze ou de la chrysolite. Ils sont épars dans une gangue quartzeuse : de *Zinngraupen*, en Bohême.

> *Crystalli minerales stanni aurea.* Wall. min. 289. 2. *Minera crystallorum stanni flavescens.* Wall. min. 290. 1. Si ces cristaux ne contiennent point d'étain, ils appartiennent au genre des Basaltes.

♃ B. 18. Un grouppe curieux, composé de petits cristaux d'étain noirs, de Pyrite blanche arsénicale, de fausses améthistes cubiques & de cristaux de roche. Ce morceau, qui contient aussi de petits cristaux basaltiques en segmens de prismes polygones, est incrusté en partie d'une terre argilleuse grise mammelonnée : d'*Ehrenfriedersdorf.*

> Voyez le Catal. rais. de 1772 ; n°. 974.

♃ B. 17. *Mine d'Étain solide & criftallifée* brune & rougeâtre, entremêlée de Pyrite cuivreufe jaune, dans du quartz, avec terre argilleufe : de *Cornouailles*, en Angleterre.

♃ B. 18. Petits criftaux d'étain noirs, épars dans du granite compofé de feld-fpath & de mica : d'*Altenberg*.

ESPÈCE III.

MOLYBDÈNE ou PLOM-BAGINE. C.  { *Bley-ertz* des Allemands.

Molybdæna vel *plumbago*. Auctor.
Sulphur ferro & ftanno faturatum. Cronft. min. 154.
Ferrum nigricans, fplendens, unctuofum, inquinans. Wolt. min. 31.
Zincum fufco-inquinans. Muf. Teff. 54.
Molybdænum triturâ cærulefcente. Syft. nat. XII. 121. nº. I.
Mica pictoria nigra manus inquinans. Wall. min. 131.

On voit par les différens noms donnés à cette fubftance , combien les Minéralogiftes ont varié fur fon compte. Malgré fon infufibilité & fa réfiftance à la plupart des effais qui en ont été faits, on a lieu de foupçonner qu'elle contient de l'étain & du fer, mais en trop petite quantité pour qu'elle mérite la peine d'être exploitée comme mine de l'un ou de l'autre métal. Le voisinage des mines d'étain où elle se rencontre souvent, la propriété qu'on lui a reconnue de rendre l'or aigre & cassant, (on sait qu'un grain d'étain suffit pour altérer la ductilité d'un marc d'or), sa ressemblance, à la couleur près, avec la préparation chymique nommée *or musif*, sont autant d'indices qui ont porté M. Sage à regarder cette espèce comme un *étain altéré* (*voyez ses Elém. de min. doc. p. 241*). M. Cronstedt pense que c'est un *étain minéralisé par le soufre*, avec ou sans le concours du fer. Mrs Wallerius, Lehmann & Justi, ont rangé la *Molybdêne* parmi les *Mica*. Le tissu feuilleté, l'infusibilité & la cristallisation même de cette substance (qui est en segmens de prismes hexagones comme les mica) semblent favoriser cette opinion. En général la Molybdêne est grasse & onctueuse au toucher comme le talc ; elle colore les doigts comme certaines mines de fer, & se volatilise à feu ouvert comme le zinc, s'il en faut croire les expériences de M. Quist, rapportées dans les Mém. de l'Acad. de Stockolm , pour l'ann. 1754, p. 189. M. Sage ne lui a point trouvé cette derniere propriété.

♃ C. 1. Petits fragmens de *Molybdéne criſtal-liſée* en ſegmens de priſmes hexagones, comme les mica. Elle eſt mêlée d'un peu de quartz & ſe trouve à *Altenberg*, parmi les mines d'étain.

An *Molybdæna teſſularis*. Wall. min. 131. 3 ?

♃ C. 2. *Molybdéne* en petites lames hexagones interpoſées dans du quartz : auſſi d'*Altenberg*.

♃ C. 3. *Idem*, dans une pierre de roche quartzeuſe : du ſommet du Mont Biſberg (*Bisbergſ-Klack*), en Suéde.

♃ C. 4. *Molybdéne pure*, en larges feuillets contournés, ſans matrice : d'Angleterre.

♃ C. 5. *Molybdéne feuilletée*, dans une ſtéatite blanche, eſpèce d'argille talqueuſe fort analogue à celle qui ſe trouve parmi les morceaux d'étain décrits ci-deſſus (♃ B. 4. 5. 11. 14 & 18) : de *Hackeſpicken*, Paroiſſe de Nordberg, en Suéde.

M. Lehmann a conjecturé que la Molybdéne étoit un Talc qui avoit été pénétré par quelque ſubſtance métallique. (*Traité de la format. des Mét.* p. 346.) En ſuppoſant que cette ſubſtance métallique ſoit l'étain, l'opinion de M. Lehmann n'a rien que de très-vraiſemblable : les morceaux même que je viens de citer la favoriſent beaucoup.

♃ C. 6. Un morceau curieux de *Molybdéne* : cette ſubſtance s'y trouve avec mine d'étain, ſchorl priſmatique, pyrite blanche arſénicale, quartz & feld-ſpath : de *Zinnwald*, en Bohême.

♃ **C. 7.** *Molybdéne* mêlée avec mine de fer noirâtre attirable à l'aimant : de *Nordberg.*

Voyez un morceau de la même variété, ci-dessus au Fer, Esp. III. var. 14.

N. B. L'existence de l'*Etain vierge* ou *natif* a toujours été regardée comme problématique, & l'est encore aujourd'hui malgré le témoignage de quelques Auteurs, qui assurent qu'on en a trouvé en Saxe, en Bohême & dans la presqu'Isle de Malaca aux Indes Orientales. Les Transactions philosophiques de l'année 1766 (vol. 56. p. 35 & 305.) disent aussi , qu'on a trouvé depuis peu, dans les mines de Cornouailles, en Angleterre, un morceau de mine d'étain qui contenoit de l'*Etain vierge* : C'est sur l'autorité de ces Mémoires que M. Linné, qui avoit jusqu'alors rejetté cette espèce , l'a admise comme certaine dans l'Appendice du tom. III. de la dernière édition du *Systema Naturæ.* Quoiqu'on ne puisse absolument nier l'existence de l'*Etain vierge* , il est néanmoins très-singulier que nous ne connoissions jusqu'à ce jour que des mines d'étain à l'état de chaux minéralisées par l'*acide marin* , & que nous n'en ayons point encore trouvé où ce Métal fût à l'état métallique minéralisé soit par le *soufre* , soit par l'*arsénic.*

PLOMB. ♄ *Saturnus Chymicorum.*

ESPÈCE I.

PLOMB *VIERGE ou NATIF.* A. { *Gediegen-bley* des Al.

Plumbum nativum solidum vel in granulis. Wall. min. 281. 1 & 2.

———— *nudum vel nativum.* Syst. nat. XII. 132. n°. 1. Mus. Tess. 62. n°. 1.

———— *nudum granulatum.* Carth. min. 65.

Mᵣˢ Henckel, Cronstedt, Justi, Woltersdorff & quelques-autres, nient l'existence de cette espèce : elle est admise par Mᵣˢ Cartheuser, Wallerius & von-Linné. M. Lehmann n'ose la rejetter & la regarde seulement comme douteuse : ce qu'il y a de certain, c'est qu'on n'a point encore vu d'échantillons de cette espèce, qui fussent exempts de tout soupçon.

ESPÈCE II.

MINE DE PLOMB GRISE ou *GALENE.* B. { *Bley-glantz* des Allemands.

Galena vel plumbago metallica. Auctor.

*Plumbum argento fulphurato mineralifatum.*Cron.
min. 188.

————*fulphure & argento mineralifatum, minerâ teffulis majoribus vel minoribus
vel granulis micante.* Wall. min. 282.

————*mineralifatum, particulis cubicis ex albo
cærulefcentibus, nitidis.* Carth. min.
66.

————*cæfio-grifeum, fplendens, teffulatum.*
Wolt. min. 32.

————*mineralifatum particulis cubicis.* Syft.
nat. XII. 133. nᵒ. 3.

Cette efpèce, la plus commune des mines de plomb, eft minéralifée par le foufre & contient prefque toujours un peu d'argent. Elle varie beaucoup quant à la forme,
la grandeur & l'arrangement des cubes qui
la compofent. Elle n'eft pas moins inconf-
tante dans fon produit, qui va depuis 50 jufqu'à 75 livres de plomb par quintal. Il eft
rare qu'elle contienne au-delà d'une à trois
onces d'argent : lorfqu'il s'y en trouve davantage, les Mineurs lui donnent le nom
de *Mine d'argent blanche* (☽ J.) Henckel
dit que, dans la Galêne, le plomb fait les
deux tiers ou les trois quarts, & que le foufre fait le refte ; qu'à l'égard de l'argent qui
s'y rencontre, il n'y eft qu'accidentellement, & que fa quantité varie depuis une
drachme, une demi-once, un demi-marc

jufqu'à un marc & plus : quelquefois il n'y en a qu'un veftige & même point du tout.

ħ B. 1. *Galéne teffulaire* en cubes rectangles, folitaires, dont les bords & les angles font entiers. (*Eff. de crift. p. 342. Var. 1.*) de *Rammelsberg*, au Hartz.

> *Galena teffulata.* Wolt. min. 32. 1. *Plumbum cryftallinum hexaedrum cubicum.* Syft. nat. XII. 132. n°. 2. α.

ħ B. 2. Autre, dont les cubes font grouppés avec criftaux de roche & fpath calcaire prifmatique hexaëdre, à pyramides obtufes : de Saxe.

ħ B. 3. *Galéne teffulaire à grands cubes* rectangles, chargée d'une petite criftallifation de fpath calcaire : de *Freyberg*.

> *Galena teffulis majoribus micans.* Wall. min. 282. 1. *Galena cubis diftinctis majoribus.* Carth. min.

ħ B. 4. *Galéne teffulaire à grands cubes*, obliquangles, folitaires. (*Eff. de crift. p. 343. Var. 3.*) Ce morceau, coloré à fa fuperficie, vient de la Principauté de Naffau.

ħ B. 5. *Galéne teffulaire à quatorze facettes*, ou en cubes dont les huit angles folides font tronqués fort avant: (*Eff. de crift. p. 343. Var. 6.*) de *Weyer*.

> *Plumbum cryftallinum 14-edrum.* Syft. nat. XII. 132. n°. 2. δ.

ħ B. 6. Autre de même forme, fur du quartz: de *Freyberg*.

ħ B. 7. *Galéne teffulaire à 14 facettes*, de la

variété précédente, mais dont les angles font moins tronqués. (*Eff. de crift. ibid. Var. 5.*) Elle eft avec mine de cuivre jaune, mine de fer fpathique, pyrites blanches arfénicales, & petits criftaux de fpath calcaire prifmatique : de *Mathufalem*, à Freyberg.

♄ B. 8. *Galéne teffulaire à 14 facettes*, dans la mine de fer fpathique écailleufe, grife : auffi de *Freyberg*.

♄ B. 9. *Galéne octaëdre* en criftaux alumini-formes, la plupart tronqués aux fommets. (*Eff. de crift. p. 344. Var. 1 & 2.*) Elle eft mêlée de blende brune luifante, de fpath vitreux cubique & de pyrites en crêtes de coq : du *Comté de Darby*, en Angleterre.

Plumbum cryftallinum octaedrum (& decaedrum). Syft. nat. XII. 132. n°. 2. β.

♄ B. 10. *Galéne en criftaux à 14 facettes*, for-més par des octaëdres dont les fix angles fo-lides font plus ou moins tronqués. (*Eff. de crift. p. 344. Var. 3.*) Ces criftaux réful-tent de l'aggrégation de plufieurs autres pe-tits de même forme, lefquels font entremê-lés de cubes de fpath vitreux : du Comté de *Darby.*

Plumbum cryftallinum 14-edrum. Syft. nat XII. 132. n°. 2. γ.

♄ B. 11. *Galéne teffulaire à 14 facettes*, mêlée de pyrite fulphureufe, de mine de fer fpathi-que grife & de criftaux de fpath lenticulaire : de *Sainte-Marie aux-Mines.*

♄ B. 12. *Galéne teffulaire à 14 facettes*, dont

la criftallifation, de même que celle du fpath vitreux qui l'accompagne, paroît avoir été troublée dans fa formation; ce qui permet de diftinguer les petits criftaux élémentaires qui concourent à former les plus grands : du *Comté de Darby*.

♄ B. 13. *Galêne teffulaire* à 26 facettes. (*Eff. de crift. p. 344. Var. 8.*) Elle eft chargée de mine d'argent rouge granuleufe, fur du quartz en partie criftallifé: de *Freyberg*.

Plumbum cryftallinum 26 *edium.* Syft. nat. XII. 132. n°. 2. ε.

♄ B. 14. *Galêne teffulaire*, chargée de pyrites lamelleufes en globules, de mine de fer fpathique & de criftaux de fpath lenticulaire: de la Principauté de Naffau.

♄ B. 15. *Galêne en petits cubes folitaires*, que l'on trouve à la furface de la terre, dans le *Nivernois* : la fuperficie de ces cubes plus ou moins altérée, eft comme recouverte d'une efpèce de cérufe ou de mafficot natif qui contribue fans doute à la richeffe de cette mine.

Elle rend, fuivant les effais de M. Sage, 77 livres de plomb par quintal.

♄ B. 16. *Galêne à petits cubes*, féparés les uns des autres par des cloifons minces pyriteufes, qui dans les endroits où les cubes ne font plus, en ont confervé la figure en creux. Quelques-uns de ces cubes adherent fi peu aux cellules pyriteufes qui les contiennent, qu'ils y font mobiles, comme de mauvaifes dents ébranlées dans leurs alvéoles : de *Freyberg*.

Galena teſſulis minoribus micans. Wall. min. 282. 1.
Henckel parle d'une mine ſemblable à celle que l'on
vient de décrire, (p. 59. de ſa Pyritologie.) Voyez
l'Eſſ. de Criſtallogr. p. 312.

♄ B. 17. *Galêne à grandes facettes* , luiſantes &
ſpéculaires, ſur laquelle eſt une veine de blende griſe , chargée d'une croûte pyriteuſe
mammelonnée : de *Poullaouen* , en baſſe Bretagne.

*Galena areis majoribus micans, non diſtinctâ figurâ
teſſulari.* Wall. min. 282 3. *Plumbum mineraliſatum ,
ſubcontinuum, cœruleo-griſcum , ſplendens.* Carth. min.
66.

♄ B. 18. *Galêne à grandes facettes* , luiſantes
& chatoyantes, avec pyrite & blende granuleuſe ſuperficielle : de *Pompéan* , près de
Rennes.

♄ B. 19. *Galéne palmée* , ou à lames luiſantes
& divergentes , qui , dans ſes caſſures , ſont
diſpoſées par faiſceaux , ſur une gangue de
ſpath vitreux blanc : du Comté de *Northumberland.*

♄ B. 20. Deux autres morceaux de *Galéne
palmée*, du Comté de *Darby.* Ils ont pour gangue l'eſpèce de ſpath fuſible jaunâtre , appellée *Cauk* par les Anglois.

♄ B. 21. Un morceau de la même Galêne ,
dont la ſurface décompoſée eſt à l'état de mine de plomb rougeâtre (♄ G.) chargée d'o-
chre martiale.

♄ B. 22. *Galéne à petites facettes* , avec pyrite
& terre martiale mêlée d'ochre de plomb : de
la *Côte de Coromandel.*

Galena areis minoribus micans, non diſtinĉt à figurâ teſſulari. Wall. min. 282. 4. *Galena particulis minoribus imbricatis.* Carth. min. 66.

♄ B. 23. *Galêne à grandes & à petites facettes,* luiſantes, mêlée de mine de plomb blanche & de terre martiale : de *Baygorri.*

> Une goutte d'acide nitreux miſe ſur ce morceau en dégage une odeur de foie de ſoufre bien marquée.

♄ B. 24. *Galêne à petites facettes,* qui réfléchiſſent diverſes couleurs : de *Berncaſtel,* pays de Trêves.

> Ces *Galènes colorées* ſont ordinairement très-friables; ce qui annonce un commencement de décompoſition.

♄ B. 25. *Galêne colorée & pointillée de petits trous,* entre deux liſieres de quartz, avec une terre argilleuſe griſe : de *Weyer.*

> An *Galena punĉtata.* Wolt. min. 32. 3 ?

♄ B. 26. *Galêne colorée* à grandes facettes, ſur une veine de mine de fer ſpathique : de Lorraine.

♄ B. 27. *Galêne granuleuſe* & en petits cubes épars dans une gangue bitumineuſe : du Comté de *Darby.*

> Ce morceau s'égraine facilement à cauſe du bitume onĉtueux qui eſt interpoſé dans la galêne. *Galena granulata.* Wolt. min. 32. 2.

♄ B. 28. *Galêne en petits grains brillans :* deux morceaux, l'un riche en argent, dans du quartz : de Saxe; l'autre ſans gangue : de *Pompéan.*

> *Galena particulis minoribus micans.* Wall. min. 282. 6.

♄ B. 29. *Galêne ſtriée,* mêlée de galêne à grandes facettes, avec un peu de quartz : de *Frey-berg*.

> *Galena striata.* Wall. min. 282. 10. *Galena radiata.* Wolt. min. 32. 4.

♄ B. 30. *Galêne chatoyante* à gros & à petits grains, entremêlée de blende rouge: de *Pompéan*. Les cubes ou feuillets qui composent cette galène, font ombre les uns sur les autres par la variété de leur position ; en sorte que les mêmes cubes font tantôt obscurs & tantôt brillans, suivant l'inclinaison que l'on donne au morceau.

> *Galena particulis majoribus vel minoribus obliquè resplendens.* Wall. min. 282. 7 & 8. *Galena micantibus particulis diverso situ.* Syst. nat. XII. 133. n°. 3. γ.

♄ B. 31. *Galéne chatoyante* & colorée : du pays de Tréves.

♄ B. 32. *Galêne chatoyante* à petits grains, dispersée dans une gangue de sable quartzeux blanc, qui en est comme mouchetée : de la mine de *Meyners Huyen*, près de Cologne.

♄ B. 33. *Galéne chatoyante*, couleur d'acier ; les lames qui la composent, quoique diversement inclinées, font disposées par bandes longitudinales & paralleles, comme certaines mines d'antimoine, d'où résulte l'espèce de chatoyement qu'on y remarque.

♄ B. 34. *Galêne martiale* en stalactites : du Comté de *Sommerset*. Elle est rare.

> Ce font des cylindres creux dans une partie de leur longueur, & remplis dans l'autre par une *mine de fer brune*

brune, mêlée d'ochre, due à la décomposition d'une pyrite martiale de même forme. *Plumbum ferro sulphurato & argento mineralisatum.* Cronst. min. 189.

♄ B. 35. *Galéne compacte* à larges facettes avec blende mammelonnée, mine d'argent vitreuse en filets capillaires & mine d'argent noire entre deux lisières de spath vitreux blanc : de *Freyberg*.

Galena Plumbi textura chalybea. Wall. min. 282. 6.

♄ B. 36. *Galéne à très-petits grains*, solide & compacte comme l'acier : aussi de *Freyberg*.

♄ B. 37. *Galéne à petites facettes*, dans du charbon de terre, avec bois minéralisé ferrugineux, sur une gangue sablonneuse : de *Haargarthen*, dans la Lorraine Allemande.

Henckel dit que ces sortes de mines de plomb, qui se trouvent par couches, sont très-rares. Voyez son *Introd. à la Minéralog.* p. 150. *trad. fr.*

♄ B. 38. *Galéne tessulaire à 14 facettes*, presqu'entierement incrustée de pyrite martiale mammelonnée, avec quartz & mica : de *Freyberg*.

♄ B. 39. *Galéne à petits points brillans*, dans une gangue de spath vitreux, remplie d'un pétrole noir liquide, qui suinte en plusieurs endroits du morceau : du *Comté de Darby*.

♄ B. 40 *Idem*, avec pyrites sulphureuses en *crêtes de coq*.

♄ B. 41. *Galéne luisante*, chargée des mêmes *pyrites en crêtes de coq*, mais différemment grouppées. Elles présentent leurs faces laté-

M

rales qui font plus épaiffes vers l'un des bords, & vont en diminuant vers l'autre , comme la lame d'un couteau.

> Quelquefois deux de ces lames pyriteufes fe joignent par leur partie la plus large ; le point de réunion eft alors plus élevé que les deux extrêmités oppofées qui s'en éloignent en ligne courbe.

♄ B. 42. Un filon de *Galêne teffulaire* , entre deux lifières de criftaux fpathiques ; d'un côté ce font des cubes de fpath vitreux de deux nuances différentes ; de l'autre eft un fpath calcaire pyramidal hexaëdre , dont les fommets font tronqués de biais. Ce curieux morceau vient, ainfi que les précédens, du *Comté de Darby*.

♄ B. 43. *Galêne à grands cubes*, chargée d'une couche de fpath vitreux cubique ; fur ce fpath eft une veine de pyrite fulphureufe , qui eft elle-même recouverte par un fpath calcaire en petits criftaux prifmatiques hexaëdres , terminés par des pyramides triangulaires obtufes : de *Planché - les - Mines* , en Franche - Comté.

> C'eft le morceau qui a été cité dans l'*Eff. de Criftallographie* , *p. 290.* pour prouver la formation fucceffive des mines & de la pyrite dans le fein de la terre.

♄ B. 44. Deux petits filons de Galêne , difpofés par couches minces alternatives avec l'efpèce de fpath fufible appellée *Cauk* par les Anglois : du Comté de *Darby*.

♄ B. 45. *Galêne à petites facettes* , mêlée avec blende rouge & mine de cuivre jaune : de *Sarenhaufen* , près de Heffe Rheinfels.

♄ B. 46. *Galêne à grandes facettes*, mêlée de blende noire, de pyrite arsénicale & de mine de cuivre jaune, dans du quartz : de Saxe.

♄ B. 47. Galêne à grandes facettes, dont une partie décomposée passe à l'état de *mine de plomb rougeâtre.* (♄ G.) Cette Galêne est chargée d'un côté de cristaux de *mine de plomb verte & jaunâtre* (♄ E.) mêlés de *mine de plomb noire granuleuse* (♄ H.) ; de l'autre elle a pour gangue un grouppe de cristaux de quartz, où les cubes de galêne qui se sont décomposés ont laissé leur empreinte : quelques-unes des cavités laissées par ces cubes sont remplies de *céruse native* (♄ L.) & de cristaux de *plomb blanc*, (♄ F.) parmi lesquels un petit cristal transparent de *mine de plomb rouge* (♄ K.) se fait aussi remarquer. Ce morceau rare & curieux par la réunion de presque toutes les espèces de mine de plomb, vient d'*Hoffsgrund,* près de Fribourg en Brisgaw.

♄ B. 48. *Galêne hépatique* ou *rougeâtre*, par la décomposition de sa superficie, qui a passé à ce nouvel état : elle est chargée de *cristaux de plomb blanc*, mêlés d'ochre de plomb : de *Langenheck*, dans la Principauté de Nassau.

♄ B. 49. Autre morceau de Galêne qui présente les mêmes passages, & qui contient de plus de la mine de plomb verte.

♄ B. 50. *Galêne hépatique* avec mines de plomb blanche, verte & rougeâtre. Sa gangue, qui est mammelonnée, paroît être une pierre calaminaire.

M ij

♄ B. 51. *Galéne colorée*, mêlée de mine de cuivre vitreufe grife, dans du fpath calcaire : de *Sainte-Marie aux Mines*.

♄ B. 52. *Galéne à petites facettes luifantes*, riche en argent, éparfe dans une gangue de fpath compacte en petits cubes rhombéaux : des environs d'*Haflach*, dans la Principauté de Furftemberg.

♄ B. 53. Galéne à grands cubes, mêlée de mine d'argent grife folide, fur une gangue quartzeufe, avec fpath vitreux blanc : du *Hartz*.

♄ B. 54. *Galéne à grandes facettes*, entremêlée de mine de plomb rougeâtre informe, & de mine de plomb blanche prifmatique, lefquelles font incruftées de cérufe native : de *Geroldfeck*, en Suabe.

La décompofition de la galêne eft très-fenfible fur ce morceau, qui eft fans gangue.

ESPÈCE III.

M*INE DE PLOMB* COMPACTE. C. { *Bley-fchweif* desAllem.

Plumbum compactum. Syft. nat. XII. 133. n°. 3.

—————— *mineralifatum continuum, albo-cærulefcens, nitens.* Carth. min. 66.

—————— *fulphure folo mineralifatum.* Cronft. min. 187.

—————— *fulphure & arfenico mineralifatum, minerá pinguiori ferè malleabili.* Wall. min. 283.

» Le *Bley-schweif*, dit M. Lehmann,
» ressemble à la galène à petits grains,
» mais il est très-ferrugineux & sulfureux»
(*Format. des mét. p. 310. trad. fr.*) Suivant
Wallerius, c'est une mine de plomb sulfureuse & arsénicale, qui est molle, presque malléable, grasse au toucher, & qui
ressemble souvent extérieurement à du
plomb vierge. M. Cronstedt remarque qu'on
donne communément le nom de *Bley-
schweif* aux galènes solides comme l'acier
& aux galènes à petits grains, pour les distinguer des galènes cubiques ou tessulaires, que les Allemands ont particulièrement désignées par le nom de *Bley-glantz*;
mais il pense que, sans avoir égard à la
figure extérieure de ces mines, on ne doit
laisser le nom de *Bley - schweif* qu'à
celles qui contiennent seulement du
plomb & du soufre, telles que la galène
de Villach en Autriche. D'autres soutien-
nent au contraire que le *Bley-schweif* est,
de toutes les mines de plomb sulfureuses, celle qui contient le moins de soufre;
mais cela ne peut être vrai qu'en restrei-
gnant le nom de *Bley-schweif* aux mines
de plomb qui sont presque malléables,
qui entrent facilement en fusion, même à
la flamme d'une bougie, & qui se laissent

couper au coûteau fans fe réduire en poudre : or de telles mines, fi elles exiftent, doivent être regardées comme du *plomb vierge*, puifqu'elles ne different que très-peu du plomb ordinaire. Je ne parlerai donc ici que des *mines de plomb fulfureufes* dont le grain fin, le tiffu plein, ferré & continu, femblent annoncer que leurs principes font autrement ou plus intimement combinés que ceux de la galêne commune, dont le tiffu lamelleux ou feuilleté eft toujours compofé de particules diftinctes ; elles lui reffemblent d'ailleurs affez par la couleur & ne peuvent, non plus qu'elle, fe laiffer couper ni s'étendre fous le marteau.

℣ C. 1. *Mine de plomb grife, folide & compacte,* à particules très-fines, qui forment un tout continu, liffe & luifant à fa fuperficie comme une glace de miroir : du *Hartz.*

> Il eft parlé de cette efpèce dans le *Cat. raif. de 1772. n°. 805.* fous le nom de *Galène fpéculaire.* Sa gangue eft quartzeufe : celle qui a été trouvée en Angleterre, dans le Comté de Darby, eft par veines minces dans une gangue de fpath. *Ibid. n°. 807 & 808.*

℣ C. 2. *Mine de plomb compacte,* d'un blanc bleuâtre : fon tiffu eft fin, ferré, uni, maïs ftrié. Sa gangue eft un fpath vitreux, irrégulier, mêlé d'un peu de bitume : du Comté de *Darby.*

> Elle ne contient point d'argent & produit 62 livres de plomb par quintal.

ESPÈCE IV.

Mine de Plomb stibiée. D. { *Strip - ertz* ou *Strip-malm* des Allemands.

Plumbum stibiatum feu *mineralisatum fibrofo-ftriatum.* Syft. nat. XII. 133. n°. 5.

—————— *antimonio & argento fulphurato mineralifatum.* Cronft. min. 190.

Mine de plomb antimoniée. *Monn. Expof. des min. p. 106.*

» Cette efpèce, dit M. Cronftedt, a » la couleur de la galêne ordinaire, mais » fa texture eft fibreufe ou rayonnée com- ». me les mines d'antimoine ». Cet Auteur a remarqué que dans cette mine le plomb empêche qu'on ne puiffe tirer avantage de l'antimoine qui y eft contenu, & qu'à fon tour l'antimoine nuit beaucoup à l'extraction de l'argent.

♄ D. 1. *Galêne ftibiée* ou mine de plomb grife rayonnée, mêlée d'antimoine & de blenda noire : de Hongrie.

An *Zincum ftibiatum. Muf. Teff.* 54. n°. 41.

ESPÈCE V.

MINE DE PLOMB VERTE OU JAUNASTRE. E. { *Grüner-bley-ertz ou Grüner-bley spath* des Allem.

Minera plumbi viridis. Auctor.
Plumbum cryſtallis hexaedro-priſmaticis , utrinque truncatis, virens. Syſt. nat. XII. 134. nº. 7.
———— *nitri ſpatoſi utrinque truncati.* Syſt. nat. IX. 184. nº. 3.
———— *arſenico mineraliſatum , minerâ ſolidâ vel cryſtalliſatâ viridi.* Wall. min. 285.
———— *ſpatoſum viride , plerumque priſmaticum.* Wolt. min. 32.
———— *mineraliſatum cryſtallinum , cryſtallis oblongis , columnaribus , hexaedricis , utrinque obtuſis, dilutè viridibus.* Carth. min.
Minera plumbi calciformis pura, priſmatica è viridi flaveſcens. Cronſt. min. 185. 2. b.

Cette eſpèce , qui, ſuivant les eſſais de M. Sage , n'eſt point minéraliſée par l'arſénic , mais par l'*Acide marin* , provient ordinairement de la décompoſition d'une *Galéne* ou *mine de plomb ſulfureuſe* , & il n'eſt pas rare de les trouver enſemble ſur le même morceau. (♄ B. 47. 48. 49. &c.) On rencontre auſſi fort ſouvent la Mine de plomb verte mêlée avec de l'hématite noire. M. Sage a obtenu de cette mine, par la réduction, 76 livres de plomb par quintal : ce plomb passé à la coupelle, a donné 5 gros d'argent. A en juger par ces essais, la mine de plomb verte seroit moins riche en plomb, mais plus riche en argent que la mine de plomb blanche. On ignore encore quel peut être dans cette mine le principe de la couleur verte, qui s'éclaircit quelquefois par degrés jusqu'à la couleur jaune.

♄ E. 1. *Mine de plomb verte* en cristaux prismatiques, hexaëdres, terminés par des pyramides hexaëdres tronquées près de leur base (*Ess. de crist. p. 347. Var. 4.*) Les pyramides de quelques-uns de ces cristaux, ne font point tronquées (*ibid. Var. 3.*) Ils ont pour base une mine de fer : de *la Croix*, en Lorraine.

♄ E. 2. *Mine de plomb verte*, en cristaux prismatiques hexaëdres, tronqués aux deux bouts. (*Ess. de crist. p. 346. var. 1 & 2.*) Ils font épars à la superficie & dans l'intérieur même d'une hématite noire, granuleuse : de *la Croix*.

    Minera plumbi viridis opaca, crystallisata. Wall. min. 285.3.

♄ E. 3. *Mine de plomb verte* en petits cristaux prismatiques, plus ou moins diaphanes & de toutes les nuances depuis le verd foncé jusqu'au jaune. Plusieurs font terminés par des pyramides hexaëdres à plans triangulaires, comme le cristal de roche : ils recouvrent en tout fens une *Galêne décompofée*, dont les cavités font remplies de *criftaux de plomb blanc* & de *cérufe native*, avec mine de plomb noire granuleufe fuperficielle : d'*Hoffsgrund*, près de Fribourg en Brifgaw.

> *Minera plumbi viridis cryftallifata pellucens.* Wall. min. 285. 4. Voyez un autre morceau peu différent de celui-ci, ci-deffus, Efp. II. var. 47.

♄ E. 4. *Mine de plomb verte en végétation*, ou en petits rameaux qui s'entrelacent, mêlés d'un peu de plomb blanc : de *Tottnau*, dans le Marcgraviat de Baden-dourlach.

> *Minera plumbi viridis ramofa.* Wall. min. 285. 2.

♄ E. 5. *Mine de plomb verte & jaune* en végétation ou en très-petits criftaux qui fe ramifient fur une mine de plomb noire cellulaire, qui n'eft autre chofe qu'une *galêne hépatique*, prefqu'entierement décompofée : auffi de *Tottnau.*

> Les fines ramifications du plomb jaune dans ce morceau, méritent d'être examinées à la loupe.

♄ E. 6. *Mine de plomb verte folide & criftallifée* mêlée d'un peu de plomb blanc & de cérufe native, fans matrice : du *Hartz.*

> *Minera plumbi viridis folida.* Wall. min. 285. 1.

♄ E. 7. *Mine de plomb verte* en aiguilles extrêmement fines, raffemblées en mammelons du plus beau verd. Ce morceau, qu'on prendroit pour de la mouffe, eft cellulaire en deffous & parfemé dans fes cavités de petits grains de plomb blanc & de plomb noir mêlés d'ochre : de *Fribourg.*

♄ E. 8. *Mine de plomb verte mammelonnée*, du même endroit que la précédente. Elle recouvre en forme de mousse ou de stalagmite un petit filon de *galéne à grandes facettes*, dont une partie décomposée est à l'état de *galéne hépatique* ou *rougeâtre*. Les cavités laissées par les parties de la galêne qui ont été entierement détruites, font tapissées de *cristaux de plomb blanc*.

♄ E. 9. *Mine de plomb verte & jaunâtre*, mêlée de mine de plomb blanche & rougeâtre : l'une & l'autre incrustent la surface & les cavités d'une *galéne* totalement décomposée, mais dont le tissu lamelleux est encore indiqué par des feuillets noirs, friables & ferrugineux : de *Fribourg*.

♄ E. 10. Petit grouppe de *cristaux de plomb verd*, dont la surface plus ou moins altérée, fait voir le passage de cette mine du verd au noir. Ce morceau, qui a pour base une veine de pyrite sulfureuse, vient de *Tschoppau*, en Saxe.

♄ E. 11. Mine de plomb mammelonnée *verte*, *jaunâtre & rougeâtre* : de *Tottnau*.

♄ E. 12. *Idem*, sous la forme d'une croûte ou dépôt mince, composé de trois couches, la supérieure *verte*, celle du milieu *rougeâtre* & l'inférieure *jaunâtre*.

♄ E. 13. *Mine de plomb verte & jaunâtre*, fort légère ; la croûte qu'elle forme est lamelleuse, cellulaire & friable : de *Fribourg*.

♄ E. 14. *Mine de plomb verte & jaunâtre*, cristallisée en petits prismes hexagones transparens. La plupart sont tronqués aux deux extrémités : mais il y en a aussi plusieurs qui sont
terminés par une pyramide hexaèdre entiere
ou tronquée près de sa base. (*Ess. de crist. p.*
347. Var. 3 & 4.) Ils sont grouppés à la surface & dans les cavités d'une hématite noire :
de *la Croix*.

Voyez les variétés 1 & 2. ci dessus.

♄ E. 15. *Mine de plomb verte* en prismes hexagones, fistuleux à leur extrêmité ; un petit
grouppe sans matrice : du *Hartz*.

♄ E. 16. *Mine de plomb feuille-morte*, mammelonnée, mêlée de mine de plomb blanche,
sur une gangue terreuse blanche, très friable :
de *Geroldseck*, en Suabe : Deux morceaux
variés.

ESPÈCE VI.

Mine de Plomb Blanche. F. { *Bley-spath* ou *Weiss-bley-*
ertz des Allemands.

appellée par quelques-uns *Mine de Plomb spathique*.

Minera plumbi spatacea vel *spatum plumbiferum.*
Auctor. Vogel. min. 166.
Plumbum spatosum album, Wolt. min. 32.
————— *fragmentis spatosis.* Syst. nat. XII. 135.
nᵒ. 9.
————— *spathi cubici.* Mus. Tess. 64. nᵒ. 5.

Plumbum arfenicale mineralifatum , minerâ fpati-
formi albâ feu grifeâ. Wall. min.
284.
——— *mineralifatum fubdiaphanum , album.*
Carth. min.
Minera plumbi calciformis pura, indurata , radiata
vel cryftallifata. Cronft. min.
185. 1. b.

M. Cronftedt fait mention d'une *Mine de plomb blanche arfénicale* ; (♄ M.) mais la vraie Mine de plomb blanche, lorfqu'elle eft pure, ne contient point d'arfénic ; c'eft un plomb à l'état de chaux minéralifé par l'*Acide marin*. Cette mine me paroît être, ainfi que l'efpèce précédente, une nouvelle combinaifon formée par la décompofition des *Galénes* ou *mines de plomb grifes*. (♄ B.) On lui a donné improprement le nom de *Mine de plomb fpathique*, car elle ne contient point de fpath, quoiqu'elle en ait fouvent l'apparence. C'eft cette apparence qui a fait croire à plufieurs, que la *Mine de plomb blanche* étoit un fpath pénétré par le plomb: fa richeffe, qui va de 80 à 90 livres de plomb par quintal, fuffit pour défabufer de cette erreur. M. Sage a tiré de cette mine, par la réduction avec le flux noir, 84 livres de plomb , qui , par la coupelle , a donné 2 gros, 40 grains d'argent. Elle contient, fuivant cet Académicien, près de

20 livres d'acide marin par quintal. Voyez ſes *Élém. de minér. docim. p. 234 & 236.*

♄ *F.* 1. *Mine de plomb blanche en criſtaux priſ-matiques*, hexaëdres, lamelleux ou ſtriés, en-taſſés confuſément les uns ſur les autres, avec un peu de chaux de plomb granuleuſe dans leurs interſtices : de *Poullaouen*, en baſſe Bretagne. Quelques-uns de ces criſtaux ſont terminés par des pyramides peu regulières & tronquées comme dans les criſtaux de nitre. (*Eſſ. de criſt. p. 348. Var.* 1, 2, 3.)

Minera plumbi alba cryſtallina. Carth. min.

♄ *F.* 2. Un grouppe des mêmes *criſtaux de plomb blanc*, mêlés de *céruſe native* ſur une *Galéne hépatique & noirâtre*, preſqu'entière-ment décompoſée, à laquelle ces criſtaux de plomb blanc paroiſſent devoir leur origine.

♄ *F.* 3. *Mine de plomb blanche criſtalliſée*, en petites aiguilles brillantes, éparſes avec mine de plomb verte & jaunâtre, ſur une gangue ferrugineuſe : du Hartz.

♄ *F.* 4. Quelques *aiguilles de mine de plomb blanche*, détachées de leur gangue, parmi leſ-quelles il s'en trouve une fiſtuleuſe dans toute ſa longueur : de *Zellerfeld*, mine de *Gluks-rade*, au Hartz.

Minera plumbi alba tubuloſa. Carth. min.

♄ *F.* 5. *Mine de plomb blanche*, lamelleuſe & demi-tranſparente, ſur une galéne hépatique & cellulaire ; d'*Huelgoat*, en baſſe Bretagne.

Minera plumbi alba partibus lamellosis spataceis. Carth.
min. *Minera plumbi spatacea fissilis.* Wall. min. 284. 1.

♄ F. 6. *Mine de plomb blanche, solide,* informe & cristallisée, mêlée de mine de plomb
rougeâtre & jaunâtre : de *Tschoppau,* en Saxe.

Minera plumbi alba, figurâ indeterminatâ. Carth. min.

♄ F. 7. *Mine de plomb blanche & rougeâtre,*
solide, mêlée de petits cristaux de roche très-
diaphanes : du pays de Tréves.

♄ F. 8. *Mine de plomb blanche rhomboïdale &*
transparente : de basse Bretagne.

Minera plumbi spatacea, rhomboidalis & pellucens.
Wall. min. 284. 2 & 5.

♄ F. 9. *Mine de plomb blanche* en aiguilles fines, qui sont incrustées d'azur & de verd de
cuivre veloutés : de *Glucks-rade,* au Hartz.

Voyez le Catal. rais. de 1772. art. 888 & suiv.

♄ F. 10. *Mine de plomb blanche* en aiguilles
longues prismatiques, cannelées, couchées
parallelement les unes aux autres sur une
mine de plomb terreuse blanche : du *Hartz.*

On voit sur ce morceau le passage du plomb blanc à
la mine de plomb rougeâtre, par l'altération qu'a
éprouvée la première de ces mines.

♄ F. 11. *Mine de plomb blanche & rougeâtre*
mêlée avec galêne hépatique, céruse native
& terre martiale : de *Langenheck.*

♄ F. 12. *Idem,* dans les cavités d'une galêne
en partie décomposée, avec mine de fer
brune due à la décomposition d'une pyrite

fulfureufe en *crêtes de coq* : du Comté de *Darby*.

Voyez d'autres morceaux analogues à celui-ci, Fer, Efp. IX. var. 1 & 2. & Soufre, Efp. IV. var. 10.

♄ F. 13. *Mine de plomb blanche* en criftaux polygones, tranfparens, qui ont la couleur & l'éclat du diamant. Ils font grouppés à la furface & dans les cavités d'une gangue terreufe blanche & friable : de *Géroldfeck*, près de Lohr en Suabe.

Cette gangue terreufe paroît provenir d'un *Spath en crêtes de coq* à demi décompofé, comme on en peut juger par les petites lames pofées de champ, qui reftent en quelques endroits du morceau.

♄ F. 14. *Mine de plomb blanche* en aiguilles courtes, prifmatiques, tranfparentes & capillaires. Elles acompagnent une galêne mêlée de mine de plomb rougeâtre fuperficielle & de mine de plomb terreufe : du même endroit que le morceau précédent.

♄ F. 15. *Mine de plomb blanche*, de la variété dite *mine de plomb cornée*. (Voyez ci-après ♄ J.)

ESPÈCE VII.

MINE DE PLOMB ROUGEASTRE. G.

Minera plumbi fpathacea, ftriata, vitrea rubefcens. Valm. de Bom. min. 2. p. 106.

Minera

Minera plumbi atro-purpurea. Bucq. Introd. à
l'étude du Regne minér. 2. p. 177.

Cette mine n'eſt, à proprement parler,
qu'une variété de l'eſpèce précédente,
puiſqu'elle n'en differe que par ſa couleur
rougeâtre plus ou moins foncée. Auſſi les
trouve-t-on ſouvent réunies ſur le même
morceau, comme on l'a pu remarquer ci-
deſſus aux articles ♄ F. 6. 7. 10. 11. &c.
L'affinité de ces deux ſortes de mines eſt
encore prouvée par l'expérience ſuivante.
M. Sage a obtenu d'une diſſolution de
Plomb corné, abandonnée à elle-même
l'eſpace d'une année, une mine de plomb
artificielle, dont une partie étoit criſtalliſée en *longues aiguilles, blanches, priſ-*
matiques, tandis que l'autre adhéroit en
petits mammelons rougeâtres aux parois du
vaſe où avoit été miſe cette diſſolution.

♄ G. 1. *Mine de plomb rougeâtre*, en criſtaux
priſmatiques, dont la ſurface eſt granuleuſe &
couleur d'ochre : de *Poullaouen*, en Baſſe-
Bretagne.

♄ G. 2. *Mine de plomb rougeâtre ſolide*, mêlée
de *mine de plomb blanche & jaune* avec un peu
de galêne hépatique : de *Langenheck*.

♄ G. 3. *Mine de plomb rameuſe*, ou en petits
priſmes hexagones, verdâtres & griſâtres à

l'extérieur, rougeâtres dans leur fracture, lesquels ont comme végété les uns sur les autres: de *Poullaouen*.

♄ G. 4. *Mine de plomb rougeâtre* en prismes hexagones , qui paroissent lamelleux & striés dans leurs cassures comme la mine d'antimoine ; la surface de ces prismes est noirâtre : plusieurs même d'entr'eux passent à l'état de *mine de plomb noire* (♄ H) & d'autres y sont déjà parvenus : quelques parcelles de *galêne* brillent parmi ces derniers.

♄ G. 5. *Mine de Plomb rougeâtre* mammelonnée , mêlée d'un peu de mine de plomb verte , avec pyrite & galêne en décomposition : de Basse-Bretagne.

ESPÈCE VIII.

MINE DE PLOMB NOIRE. H. { *Schwartz-bley-ertz* des Al.

Minera plumbi nigra. Auctor.
Plumbum mineralisatum crystallinum , crystallis irregularibus nigris. Carth. min.
—— *nigrum crystallisatum*. Valm. de Bom. min. 2. p. 105.
Mine de plomb noire cristallisée. *Sage, Elém. de min. doc.* p. 234.

Cette espèce est produite par l'altération qui survient à celle qui précède . Le ſoufre, en ſe combinant avec elle ſous forme de vapeurs, en noircit d'abord la ſuperficie ; mais à meſure qu'il pénètre dans l'intérieur des criſtaux qui la compoſent, une partie du plomb minéraliſée de nouveau, reparoît ſous la forme de *Galêne* ; mêlé avec la mine de plomb rougeâtre qui n'a point ſubi d'altération. Suivant les eſſais de M. Sage, la mine de plomb noire eſt moins riche en plomb que la blanche, puiſqu'elle n'a rendu par quintal que 72 livres de plomb, qui, dans les morceaux dont ce Chymiſte a fait l'eſſai, ne contenoit point d'argent. *Elém. de min. p. 235.*

♄ H. 1. Deux morceaux de *mine de plomb noire* en criſtaux priſmatiques hexagones & ſouvent cylindriques, dont la décompoſition eſt plus ou moins avancée. (*Eſſ. de Criſt. p. 351. Eſp. VI.*) L'intérieur de quelques-uns de ces criſtaux eſt encore à l'état de *mine de plomb rougeâtre* ; d'autres contiennent de plus de la *galêne* en petites lames luiſantes ; pluſieurs ont totalement paſſé à l'état de galêne, ſans perdre leur forme priſmatique ; d'autres enfin ſont un peu fiſtuleux & comme ſaupoudrés d'une galêne ou mine de plomb griſe très-atténuée : de *Poullaouen.*

♄ H. 2. *Mine de plomb noire* criſtalliſée en priſmes plus déliés, mais qui préſentent les mêmes variétés dans leur tiſſu, que ceux de l'article précédent.

♄ H. 3. *Mine de plomb noire en cristaux fistu-leux*, ou en prismes totalement décomposés, dont il ne reste plus que la carcasse à l'état d'une galêne très-atténuée. La *mine de plomb rougeâtre*, qui occupoit l'intérieur de ces prismes, a pareillement passé à l'état de galêne & s'est déposée sous la forme d'une incrustation granuleuse, sur un groupe de cristaux de quartz, qui servoit de gangue à la mine primitive dont celle-ci est le résultat.

♄ H. 4. *Mine de plomb noire* prismatique & en stalactites, mêlée de *Galêne à grandes facettes*, avec pyrite & quartz : du même endroit que les précédentes.

La galêne à grandes facettes que contient ce morceau est d'une origine plus ancienne que la mine de plomb noire dont elle est chargée.

ESPÈCE IX.

MINE DE PLOMB CORNÉE. J. { *Horn-bley-ertz* des Allem. *Plumbum pellucidum, hyalinum, rasile, efferves-cens.* Syst. nat. XII. 135. n°. 10.

Cette espèce n'est encore, à proprement parler, qu'une variété de la *mine de plomb blanche.* (♄ F.) Lorsqu'elle est pure & transparente, elle imite assez la couleur de la mine d'argent cornée, (☽ C.) mais il s'en rencontre auſſi qui eſt opaque & d'un gris de perles. En général cette mine fait efferveſcence avec les acides, & elle eſt ſi tendre, qu'on peut la rayer facilement avec la pointe d'un coûteau.

♄ J. 1. Petits criſtaux ſolitaires de *Mine de plomb cornée tranſparente*. Ce ſont des priſmes hexaëdres plus ou moins comprimés & dont les bords ſont en biſeau : (*Eſſ. de criſt.* p. 351. *Var.* 2.) des mines de *la Croix*.

♄ J. 2. Criſtaux ſolitaires de *mine de plomb cornée opaque* & d'un gris luiſant, dont la forme eſt un priſme hexaëdre comprimé, terminé par deux pyramides trièdres obtuſes. (*Eſſ. de criſt. ibid. Var.* 1.)

♄ J. 3. Autres, grouppés avec galêne & mine de plomb granuleuſe noire, ſur une gangue ferrugineuſe : de *la Croix*.

♄ J. 4. *Mine de plomb cornée*, en criſtaux polygones, irréguliers, tranſparens & fort éclatans, ſur une galêne teſſulaire en partie décompoſée : de *la Croix*.

♄ J. 5. *Mine de plomb cornée*, tranſparente & criſtalliſée ; elle forme un petit grouppe ſans matrice : du Duché de *Wirtemberg*.

❦─────────────────❦

ESPÈCE X.

MINE DE PLOMB ROUGE. K. { *Roth-bley-ertz* des Allem.
Nova minera plumbi. Lehmann. Differt. *Petrop.*
　　1766. in 4°.
Plumbum hexaedrum, rhombeum, fulvum. Syft.
　　nat. XII. 134. n°. 8.
Mine de plomb rouge criftallifée & tranfpa-
　　rente. *Sage, Elém. de min. doc. p. 235.*

Cette efpèce eft encore une de celles,
qui, fuivant M. Sage, font minéralifées
par l'*acide marin.* M. Lehmann, d'après
les effais qu'il en a faits, la croit colorée
par le fer & dit qu'elle ne contient par
quintal que 50 livres de plomb qui même eft dépourvu d'argent. Elle eft fort
rare; on en a trouvé autrefois, mais en
petite quantité, dans les mines de Tfchoppau en Saxe : c'eft à M. Lehmann que
l'on doit la connoiffance de celle qui a
été découverte depuis peu en Sibérie.

♄ K. 1. Criftaux folitaires de *Mine de plomb
rouge*, en prifmes courts, tétraèdres, rhomboïdaux, dont les extrêmités font tronquées
obliquement. (*Eff. de crift. p. 353. Efp. VII.*)
Ces criftaux ont dans leur fracture la cou-

leur du cinabre du Japon : on les trouve fur une gangue quartzeufe dans les environs de Catherinebourg en Sibérie.

Voyez le Catal. de M. Davila , tom. 2. p. 406. n°. 194 & fuiv. Ceux de Tfchoppau font en prifmes très-déliés , tranfparens & d'un rouge plus foncé : Voyez le Catal. raif. de 1772 n°. 916.

ESPÈCE XI.

MINE DE PLOMB TERREUSE ou OCHRÉ DE PLOMB. L. { *Bley-erde ou Bley - ocher des Allem.*

Minera plumbi calciformis pura , pulverulenta. Cronft. min. 185. I. a.
Terra calcarea , ceruffâ nativâ intimè mixta. Cronft. min. 37.
Plumbum terreftre ochraceum. Carth. min. 66.
———— *amorphum petrâ variâ veftitum aut lapis plumbifer.* Wolt. min. 32.
Plumbi minera galenica mineralifata , terræ infenfibiliter immixta, colore albo vel rubefcente. Wal. min. 287.
Ochra plumbi pulverea albida. Syft. nat. XII. 193. n°. 7.
———— *luteo - albida.* Syft. nat. IX. 209. n°. 5.

C'eft une *chaux de plomb* plus ou moins pure, qui fouvent doit fon origine à la décompofition des galênes ou mines de plomb sulfureuses. On en distingue de trois couleurs, la *blanche*, la *jaune* & la *rouge*; aussi les désigne-t-on d'ordinaire par le nom des chaux de plomb artificielles où les mêmes couleurs se rencontrent. Ainsi la blanche est nommée *Céruse native*, la jaune *Massicot natif*, & la rouge *Minium natif*. Ces terres rendent quelquefois, suivant M. Lehmann, jusqu'à 50 liv. de plomb par quintal. M. Gellert dit qu'on trouve à Selinginskoy en Sibérie, une mine de cette espèce, qui est de couleur jaunâtre & qui contient, outre le plomb, de l'or, de l'argent & de l'antimoine. (*Chym. métallurg. tom. I. p. 71.*)

♄ **L. 1.** *Céruse native* ou mine de plomb terreuse blanche, sur une galêne en décomposition.

> *Terra plumbaria alba.* Wall. min. 287. 1. Il s'en trouve dans les morceaux décrits ci-dessus; Esp. II. var. 47. Esp. V. var. 3. & 6. Esp. VI. var. 2. 10. &c.

♄ **L. 2.** *Massicot natif* ou mine de plomb terreuse jaune, superficielle. (*Voyez* ♄ B. 15.)

> *Terra plumbaria citrina.* Wall. min. 287. 2.

♄ **L. 3.** *Minium natif* ou mine de plomb terreuse rouge, dont la couleur tire sur celle du carmin, dans du quartz : de *Langenheck*.

♄ **L. 4.** *Mine de plomb terreuse rouge*, feuilletée ou par couches : du Comté *de Darby*.

> *Terra plumbaria rubra.* Wall. min. 287. 3.

♄ **L. 5.** *Mine de plomb terreuse jaune*, due à la décompofition d'une mine de plomb verte mammelonnée, dont il refte encore quelques veftiges, fur une mine de fer noire & vitreufe femblable à des fcories : de *la Croix*.

♄ **L. 6.** *Scories* obtenues lors de la révivification de la litarge en plomb. Le plomb révivifié s'eft criftallifé dans les cavités de ces fcories en lames prifmatiques, minces, hexagones ou trapezoïdales.

ESPÈCE XII.

MINE DE PLOMB TERREUSE ARSÉNICALE. M.
Minera plumbi calciformis arfenico mixta. Cronft. min. 186. a. 1. a.

M. Cronftedt cite deux mines de plomb blanches de cette efpèce, qu'il dit n'avoir pu réduire au feu de lampe d'Émailleur, comme les autres mines de plomb blanches : il en a conclu qu'elles étoient combinées avec une chaux d'arfénic ; mais plufieurs Minéralogiftes nient l'exiftence de cette efpèce, qui eft au moins fort douteufe.

DEMI-MÉTAUX.

MERCURE. ☿ *Mercurius Chymicorum.*

ESPÈCE I.

MERCURE VIERGE { *Jungfern-queck-silber. Ge-*
ou **COULANT. A.** { *diegen-queck-silber* des Al.
Hydrargyrum nativum. Wall. min. 219.
——— *nudum nativum.* Wolt. min. 26.
——— *virgineum seu nudum fluidum.* Syst. nat.
XII. 119. n°. 1.
Mercurius nudus fluidus. Carth. min. 62.
——— *nativus virgineus.* Cronst. min. 217.
——— *purus nativus.* Bom. min. 2. p. 84.

☿ **A. 1.** *Mercure coulant* dégagé de sa gangue,
& tel qu'on le trouve dans les cavités des
mines d'*Idria* dans le Frioul. Il ne diffère en
rien du mercure tiré du cinabre par le moyen
du feu.

Mercurius solitarius purus. Carth. min. *Hydrargyrum
nativum purum.* Wall. min. 219. 1.

☿ **A. 2.** *Mercure vierge* en petits globules épars

dans une gangue terreufe, mêlée de cinabre;
du Duché de *Deux-Ponts*.

Ce morceau a été caffé en deux pour faire voir le
mercure qu'il recele dans fon intérieur. *Mercurius ter-*
ris infperfus. Carth. min. *Mercurius terra immixtus.*
Bom. min.

☿ A. 3. *Mercure vierge* en très-petits grains
dans du fchifte noirâtre : du Duché de *Deux-*
Ponts.

Mercurius lapidibus infperfus. Carth. min. *Hydrargy-*
rum nativum lapidi immixtum. Wall. min. 219. 3.

☿ A. 4. *Mercure vierge* en globules de la plus
grande fineffe, qui paroiffent fuinter d'une
gangue quartzeufe blanche, mêlée d'un peu
de cinabre: de Bohême.

☿ A. 5. *Mercure coulant*, avec mine de mercure en criftaux tranfparens, couleur de rubis, fur du quartz mêlé de mercure en cinabre : de *Moërfchfeld*, dans le Palatinat.

Voyez deux autres morceaux peu différens, ci-après
Efp. II. var. 1 & 2.

☿ A. 6. Un morceau fingulier , qu'on croit
être un *amalgame naturel du mercure avec l'ar-*
gent. Cet amalgame, qui eft dur & d'un blanc
éclatant, adhére à une *mine de mercure en ci-*
nabre, parfemée dans fon intérieur de quelques globules de *mercure coulant.*

Ce morceau rare paroît être ce que les Allemands
appellent *mine de Mercure folide* (*Derb-queck-filber-ertz*)
il vient d'Allemagne, mais on ignore de quelle mine il
a été tiré. M. Cronftedt dit dans fa Minéralogie (§.217)
» qu'on a quelquefois trouvé dans la mine de Sahlberg
» en Suede, du mercure amalgamé avec de l'argent
» vierge ».

♀ A. 7. *Mercure coulant*, purifié : des Indes
orientales.

Il est contenu dans un fruit du *grand Acacia rampant*,
dont on a ôté la chair & bouché l'ouverture avec de la
cire après y avoir introduit le mercure. La dureté & le
tissu serré de cette coque la rendent très-propre à cet
usage auquel elle est employée par les Indiens.

ESPÈCE II.

MINE DE MERCURE CRISTALLISÉE. B.

Minera mercurii indurata, crystallisata. Cronst.
min. 218. B. b. 4.

Hydrargyrum crystallinum seu *crystallisatum cubicum*, Syst. nat. XII. 119. n°. 2.

Cinabre transparent, d'une couleur rouge, semblable à celle du rubis : *Sage, Elém.
de min. doc. p. 151.*

Cette espèce de *Cinabre* ou de Mercure
minéralisé par le soufre, n'est connue que
depuis peu. M M. Cronstedt & Linné lui
attribuent la forme cubique, du moins à
celui qui vient de *Muschel-Landsberg* dans
le Duché de Deux-Ponts. Pour moi je n'ai
point reconnu cette forme dans les morceaux que je posséde, ni dans aucun de
ceux que j'ai vus, qui venoient, il est vrai,
de *Moërschfeld*, dans le Palatinat.

☿ B. 1. *Mine de Mercure* en petits criſtaux tranſparens, d'un beau rouge de rubis, formés par deux pyramides triangulaires tronquées, jointes baſe à baſe ou ſéparées par un priſme intermédiaire très-court. (*Eſſ. de criſt. p. 325. Var. 1 & 2.*) Ces criſtaux, mêlés de *Mercure coulant*, ont pour gangue une pierre quartzeuſe blanche, veinée de cinabre opaque & d'un rouge foncé : de *Moërſchfeld*.

☿ B. 2. Un morceau de la même eſpèce & du même endroit que le précédent. Il en diffère ſeulement en ce que le *Mercure criſtalliſé* & le *Mercure coulant*, ſont entremêlés de pétrole ſolide ou aſphalte en grumeaux, d'un noir luiſant, entre deux liſieres d'une gangue quartzeuſe mêlée de cinabre impur.

C'eſt peut-être à un morceau de cette eſpèce qu'il faut rapporter le *Cinabre noir* dont parle M. Cronſtedt dans ſa Minéralogie (*Ibid.* §. 218.)

☿ B. 3. *Mine de Mercure* en criſtaux informes : de Hongrie. *Voyez* l'eſpèce ſuivante ☿ C. 1.

ESPÈCE III.

MINE DE MERCURE EN CINABRE. C. } *Berg-Zinober* des Allem.

Cinnabaris nativa. Dale, pharm. p. 35.
Minium purum. Worm. Muſ. p. 126.
Mercurius ſulphure mineraliſatus. Cronſt. min. 218. B.

————— *mineraliſatus, ſtriatus, ruber, ſtriis longitudinalibus, ſplendentibus.* Carth. min.

Hydrargyrum sulphure mineralisatum, minerâ ru-brâ. Wall. min. 220.

———— *rubrum, purum, tinctorium.* Wolt. min. 26.

———— *mineralisatum, pyriticosum, fibrosum.* Syst. nat. XII. 119. n°. 3.

C'est la mine de Mercure la plus commune ; elle varie beaucoup dans sa forme ; sa couleur est d'un rouge plus ou moins foncé : lorsque cette mine est pure, elle contient, suivant Wallerius, un septième de soufre & six parties ou même plus de mercure. Henckel dit qu'elle est composée de $\frac{5}{8}$, $\frac{6}{8}$ & même $\frac{7}{8}$ de mercure, & de $\frac{3}{8}$, $\frac{2}{8}$ ou $\frac{1}{8}$ de soufre.

☿ C. 1. *Mine de Mercure en Cinabre*, cellulaire & lamelleuse, ou en cristaux très-confus, d'un rouge vif, sur du quartz carié blanc, parsemé de petites marcassites : de Hongrie. Ce cinabre a l'apparence de la mine d'argent rouge & contient un peu d'or ; ce qui lui a fait aussi donner le nom de *mine d'or rouge.* (☉ B. 10.)

    Minera mercurii indurata, cubis minoribus vel lamellosa. Cronst. min. 218. B. b. 3. *Hydrargyrum mineralisatum lamellatum.* Scopoli, de hydrar. Idrens. Venet. 1761.

☿ C. 2. *Mine de Mercure en cinabre* solide, d'un rouge pourpre, dans une gangue argilleuse : du Duché de *Deux-Ponts.*

☿ C. 3. *Mine de Mercure en cinabre*, entremêlée d'un grand nombre de très-petites marcaffites dodécaëdres : de *Stahlberg*, dans le Palatinat.

Telle étoit la mine du Ménidot près de Saint-Lô en
Baſſe-Normandie.

☿ C. 4. *Mine de Mercure en cinabre* , ſolide &
criſtalliſée , dans du ſpath féléniteux criſtalliſée en tables, dont une partie eſt colorée
par le cinabre.

Ce morceau vient d'une mine du Palatinat , près de
Moërſchfeld , qui eſt actuellement inondée. Voyez le
Catal. raiſ. de 1772. n°. 736 & ſuiv.

☿ C. 5. Deux morceaux de la même variété ,
l'un deſquels contient du mercure en petits
criſtaux tranſparens , couleur de rubis.

☿ C. 6. *Mine de mercure en cinabre*, ſolide &
très-compacte , d'un rouge brun , mammelonnée à ſa ſurface & ſans gangue : d'*Almaden*
en Eſpagne.

Cinnabaris compacta ex rubro nigra. Wall. min. 220.
3. *Cinnabaris ſolida obſcurè rubra.* Bom. min. 2. p. 91.

☿ C. 7. *Mine de mercure en cinabre*, ſtriée ,
d'un rouge brun, dans une gangue féléniteuſe
& ferrugineuſe : de*Wolfſtein* dans le Palatinat.

Cinnabaris ſtriata figura incerta. Wall. min. 220. 1.

☿ C. 8. *Fleurs de Mercure*, ou Cinabre en
pouſſière d'un rouge vif, ſtrié & velouté,
mêlé de cinabre d'un rouge jaunâtre * , dans
une gangue argilleuſe : de *Wolfstein*.

(*) La couleur de ce dernier eſt en partie due à la

terre martiale dont il eſt mêlé. C'eſt le *Cinnabaris compacta , colore croci metallorum , ſeu flavo-rubente.* Wall. min. 220. 4.

☿ C. 9. *Mine de mercure en cinabre*, d'un brun foncé, comme certaines hématites ; ce cinabre eſt diſpoſé par veines dans une gangue quartzeuſe , à laquelle il communique ſa couleur : de *Moërſchfeld.*

Cinnabaris compacta , colore ſpadiceo. Wall. min. 220. 5.

☿ C. 10. Quartz cellulaire & grenu, coloré en rouge brun par le *Cinabre* qu'il contient ; quelques-unes de ſes cavités ſont remplies d'aſphalte : auſſi de *Moërſchfeld.*

Hydrargyrum rubrum petrâ veſtitum. Wolt. min.

☿ C. 11. *Cinabre* dans de l'argille blanche ; de la Caroline, à *Muſchel-landsberg*, dans le Palatinat.

Minera mercurialis, vel *Hydrargyrum amorphum terrâ variâ veſtitum.* Wolt. min.

☿ C. 12. Autre petit morceau peu différent : de *Wolfstein.*

ESPÈCE IV.

M̲INE DE MERCURE ARSÉNICALE. D. $\Big\{$ *Niur-Cinnaber* des Suédois.

Hydrargyrum glanduloſum , ſeu mineraliſatum arſenicale ſolidum. Syſt. nat. XII. 120. n°. 4.

Hydrargyrum

Hydrargyrum rubrum arfenicale. Syft. nat. IX.
175. nº. 2.
*Mercurius mineralifatus, continuus, ruber, fplen-
dens.* Carth. min. 63.

Le *Cinabre du Japon* paffe pour arfé-
nical ; mais ce fait n'eft point encore bien
conftaté.

ESPÈCE V.

M INE DE MERCURE GRISE. E.
Mercurius cupro fulphurato mineralifatus. Cronft.
min. 219.
Hydrargyrum petrofum crepitans. Syft. nat XII.
120. nº. 5. Muf. Teff. 50.
Mine de Mercure cuivreufe, ou Cinabre uni
avec le cuivre. *Monn. Expof. des Min.* p. 113.
Mine de Mercure en criftaux gris. *Bucq. Introd.*
tom. 2. p. 148.

M. Cronftedt dit que cette mine, qui
fe trouve à Mufchel-landfberg, eft d'un
gris noirâtre, vitreufe dans fa fracture &
fragile, qu'elle décrépite beaucoup dans
le feu, & fait croire par fon réfidu qu'elle
contient du cuivre. M. Monnet regarde
l'expérience rapportée par M. Cronftedt
pour prouver l'exiftence du cuivre dans cette mine comme peu décifive. M. Bucquet

O

dit, *que cette mine est d'un gris jaunâtre,* & qu'elle forme *des cristaux semblables à ceux de la mine d'argent grise.* J'en possede une pareille, qui m'a été donnée pour *Mine de Mercure grise ;* mais c'est une vraie mine d'argent grise, qui vient de Hongrie, & dont la gangue paroît seulement contenir un peu de cinabre. Voyez la description qui en a été faite ci-dessus ☽ F. 1.

ANTIMOINE. ♁ *Stibium Plinii.*

ESPÈCE I.

ANTIMOINE VIERGE { *Gediegen-spies-glas-*
ou *NATIF*. A. { *kœnig* des Allemands.

Antimonium nativum, feu *regulus Antimonii
nativus.* Cronft. min. 233. Swab.
act. Holmenf. 1748. pag. 99.
Wall. min. 237.
——— *nudum regulinum.* Carth. min. 59.
——— *purum nativum.* Bom. min. 2. p. 72.
Stibium nativum, feu *nudum argenticolorum.*
Syft. nat. XII. 123. nº. 1.

M. Cronftedt foutient l'exiftence du
régule d'Antimoine natif, découvert en
1748, par M. Antoine Schwab, dans la
mine de Sahlberg en Suède. Ce régule
natif a, fuivant ces Auteurs, la couleur
de l'argent, & fa reffemblance avec la *pyrite blanche arfénicale*, l'a quelquefois fait
prendre pour elle. Il offre dans fa caffure
des facettes brillantes & affez larges; on
a reconnu qu'il avoit la propriété de s'a-
malgamer aifément avec le mercure, propriété que n'a point le régule d'antimoine
artificiel.

O ij

ESPÈCE II.

MINE D'ANTIMOINE { *Criftallifirte-fpies-glas-*
CRISTALLISÉE. **B.** { *ertz* des Allemands.
*Antimonium fulphure mineralifatum , criftallifa-
tum.* Wall. min. 241. Cronft. min. 234. d.
Stibium cryftallinum feu *cryftallifatum.* Syft. nat.
XII. 123. n°. 2.

Cette efpèce, de même que la fuivante,
eft minéralifée par le foufre ; elle eft auffi,
comme elle, d'une couleur grife tirant fur
le bleuâtre , mais elle en differe en ce que
les aiguilles (ou prifmes) qui la compofent,
au lieu d'être réunies en maffe folide &
continue, font diftinctes les unes des autres. Ces aiguilles, ordinairement fort déliées, font raffemblées par faifceaux dans
les cavités de la mine ou pierre qui leur
fert de gangue ; fouvent elles s'élevent en
divergeant de divers points de la furface :
quand elles fe touchent réciproquement
dans toute leur longueur, elles ne different
point alors de la mine d'Antimoine grife
ordinaire , dont celle-ci n'eft qu'une variété.

♁ **B. 1.** *Mine d'Antimoine criftallifée,* en prifmes minces, oblongs, héxaèdres, comprimés & striés suivant leur longueur, terminés à l'un des bouts par une pyramide tétraèdre, obtuse. (*Eſſ. de Criſt. p. 326. Eſp. 1.*) Ils adhérent par l'autre à une *mine d'Antimoine griſe ordinaire*, dont la gangue quartzeuse eſt mêlée de blende & d'un ſpath ſéléniteux blanc & jaunâtre en petits cubes rhombéaux : de l'Iſle de Corſe.

Minera Antimonii cryſtalliſata. Wall. min. 241.

♂ B. 2. Un petit morceau de la même variété & du même endroit, curieux en ce que les *criſtaux d'Antimoine* ſont incruſtés d'une effloreſcence jaunâtre, due à la décompoſition d'une partie de ces criſtaux.

♂ B. 3. *Mine d'Antimoine criſtalliſée* en aiguilles priſmatiques, luiſantes, de la plus grande fineſſe, diſperſées en tout ſens, dans une gangue terreuſe : de Hongrie.

♂ B. 4. Autres *aiguilles d'Antimoine*, fines & luiſantes, diſpoſées par faiſceaux étoilés, dans les cavités d'un quartz grenu & criſtalliſé : de Hongrie.

♂ B. 5. Petit morceau ſingulier, qui m'a été donné pour mine de Cobalt, mais qui me paroît être une *mine d'Antimoine griſe* en partie décompoſée & paſſant à l'état de *mine d'Antimoine en plumes rouges*. (♂ E.) Il conſiſte en quelques faiſceaux d'aiguilles minces, priſmatiques, ſtriées, qui réfléchiſſent toutes les couleurs de l'arc-en-ciel, ſur une mine de fer ſpathique griſe : de Saxe.

O iij

♁ B. 6. *Régule d'Antimoine ordinaire.*

♁ B. 7. *Régule d'Antimoine martial* dont la furface eft comme tricottée ou parfemée de dendrites en feuilles de fougere, qui fe croifent en différens fens.

Les élémens de ces dendrites paroiffent être l'*octaëdre* comme dans l'argent vierge en végétation, & le morceau de cuivre ramifié décrit ci-deffus parmi les mines de cuivre, Efp. II. var. 7.

ESPÈCE III.

Mine d'Antimoine grise, lamelleuse ou striée. C. { *Strahliche oder Sthaldichte-fpiesglas-ertz* des Al.

Antimonium fulphure mineralifatum ftriatum. Wall. min. 238.
——————— *propriè fic dictum fibris majoribus vel minoribus.* Cronft. min. 234. a. b.
——————— *albo-grifeum, fplendens, radiatum vel ftriatum.* Wolt. min. 27.
——————— *mineralifatum ftriatum, ftriis grifeo-albis, nitidis, craffiufculis.* Carth. min.
Stibium ftriatum feu mineralifatum fibrofum plumbicolorum. Syft. nat. XII. 123. n°. 3.

Cette efpèce eft, ainfi que la précédente, minéralifée par le foufre. Elle varie infiniment par la forme, la groffeur, la longueur

& la position des aiguilles ou des lames qui la composent. On lui trouve quelquefois l'apparence de la *galêne à petites facettes* ou de la *mine d'argent blanche* ; mais on la distingue de la première par sa couleur plus foncée, & de la seconde par son coup d'œil bleuâtre.

♁ **C. 1.** *Mine d'Antimoine grise* à stries paralleles, dans une gangue quartzeuse blanche : de l'Isle de Corse.

> *Minera Antimonii striata, striis parallelis.* Wall. min. 238. 1.

♁ **C. 2.** Autre, où parmi les lames ou stries paralleles il s'en trouve de convergentes & qui se croisent en différens sens. Ce morceau, d'un gris plus foncé que le précédent, est sans gangue & vient de Saxe.

> *Minera Antimonii striata, striis sparsis inordinatis vel decussantibus.* Wall. min. 238. 2.

♁ **C. 3.** *Mine d'Antimoine grise* à stries irrégulières, la plûpart peu distinctes, dans une gangue quartzeuse mêlée de spath séléniteux rhombéal : de l'Isle de Corse.

> *Antimonium mineralisatum striis inordinatè dispositis.* Carth. min.

♁ **C. 4.** *Mine d'Antimoine grise*, en aiguilles convergentes disposées par faisceaux, dans du spath compacte blanc : de Saxe.

> *Stibium fibris spatum intercussantibus.* Syst. nat. IX. 176. nº. 4.

♂ C. 5. *Mine d'Antimoine grise* à ſtries étoilées, mêlées de manganaiſe dans du ſpath compacte blanc : d'une mine ſituée à trois lieues de *Breitenbach*, en Thuringe.

(On trouve dans cette minière des morceaux où *l'Antimoine* domine ; dans d'autres c'eſt la *Manganaiſe* ; dans d'autres enfin, ces deux ſubſtances ſont tellement mêlées & confondues qu'il eſt difficile de les diſtinguer l'une de l'autre). *Stibium fibris concentricis radiantibus.* Muſ. Teſſ. 52. n°. 6. *Minera Antimonii ſtriata, ſtriis ſtellatis.* Wall: min. 238. 3. *Antimonium mineraliſatum, ſtriis ex centro radiantibus.* Carth. min.

♂ C. 6. *Galéne d'Antimoine*, ou mine d'Antimoine d'un gris bleuâtre, feuilletée comme la galéne ; dans du quartz : du Marquiſat de Bareith.

Ses ſtries aſſez apparentes ſuffiſent pour la faire diſtinguer des galênes ou mines de plomb griſes. *Galena Stibii*, ſeu *minera Antimonii ſtriata, ſtriis in ſquammulas concretis.* Wall. min. 238. 4

♂ C. 7. *Mine d'Antimoine ſolide & compacte*, d'un gris brun, ſans matrice : de Hongrie. Elle paroît à la loupe compoſée d'aiguilles extrêmement fines & très-ſerrées les unes contre les autres, quoiqu'elles ſuivent différentes directions.

Antimonium ſulphure mineraliſatum minerâ difformi ſolidâ, livido-fuſcâ. Wall. min. 240. *Minera Antimonii ſolida.* Wolt. min.

♂ C. 8. *Mine d'Antimoine griſe ſpéculaire*, compoſée de lames minces aſſez larges & de pluſieurs pouces de longueur : de Toſcane. Ces lames ſont tantôt paralleles & tantôt divergentes, aſſez liſſes pour réfléchir les objets comme une glace de miroir.

C'eſt la *mine d'Antimoine ſpéculaire* dite *du Pérou*, dont parle M. Sage dans ſes Elémens de Minéralogie, (*Table des Mat.* au mot *Antimoine*) : pluſieurs des lames qui compoſent ce morceau ont éprouvé de l'altération en divers points de leur ſurface, & même intérieurement ; les parties décompoſées ſont rouges ou jaunâtres. Voyez ce qui en eſt dit ci-après, Eſp. IV. var. 1 & 2.

♂ C. 9. *Mine d'Antimoine griſe ordinaire*, dans du quartz mêlé de blende rougeâtre, & d'un ſpath ſéléniteux rhombéal : de l'Iſle de Corſe.

ESPÈCE IV.

MINE D'ANTIMOINE ROUGE. D. { *Roth-ſpies - glas - ertz* des Allemands.

Minera Antimonii rubra.
Mine d'Antimoine rouge, dite du Pérou. *Sage Elém. de Min. doc. Table des mat.* au mot *Antimoine.*

M. Sage eſt le premier Auteur de Minéralogie qui nous ait fait connoître cette eſpèce qu'il regarde comme un *ſoufre doré natif d'antimoine.* En effet cette mine, ordinairement granuleuſe & d'un rouge brun, comme certaines mines de cinabre, a la même couleur & les mêmes propriétés que le ſoufre doré d'antimoine qu'on obtient en ſublimant enſemble du ſel ammoniac & de l'antimoine. (Sage *ibid.*) Je

penſe qu'elle provient de la décompoſition des *mines d'Antimoine griſes* (♁B.C.)
dans les interſtices deſquelles on la rencontre. Elle paroît être minéraliſée par
une eſpèce de *foie de ſoufre volatil* qui réſulte de la combinaiſon du ſoufre contenu
dans ces mines avec l'alkali volatil produit ſoit par la décompoſition des pyrites,
ſoit par celle même des mines d'Antimoine
griſes qui paſſent à ce nouvel état.

♁ **D. 1.** *Mine d'Antimoine rouge granuleuſe*, ſur
une *mine d'Antimoine griſe ſpéculaire*, en longues aiguilles à demi décompoſées. Outre
l'enduit granuleux d'un rouge pourpre qui
conſtitue cette eſpèce, elle eſt encore recouverte en quelques endroits par une effloreſcence jaune, qui n'eſt autre choſe qu'un
Soufre pur laiſſé par la mine décompoſée.
Tout le morceau répand une odeur de ſoufre
ſi pénétrante qu'on ne peut le toucher ſans
que cette odeur ſe communique aux doigts.
Il vient, ainſi que le morceau décrit ci-deſſus,
(♁ C. 8.) des *mines de Toſcane*, & non du
Pérou.

> Les parties rouges de cette mine ayant été priſes
> pour du *Cinabre*, elles ont donné lieu à des Brocanteurs
> de falſifier quelques morceaux, en y ajoutant du *Mer-*
> *cure coulant* : ils les vendoient ſous le nom *d'Antimoine*
> *en aiguilles mercurielles du Pérou.*

♁ **D. 2. Deux** petits échantillons de la même
eſpèce, où le ſoufre excédent s'eſt dépoſé
ſous la forme de très-petits criſtaux octaëdres,
tranſparens & d'un beau jaune citrin.

♂ D. 3. *Mine d'Antimoine rouge*, mêlée de pyrite cuivreuse tenant or, dans du quartz: de Hongrie.

On trouve en Hongrie de l'Antimoine mêlé avec de l'or, mais sans combinaison intime, puisqu'on en peut séparer ce dernier métal par le simple lavage.

♂ D. 4. *Mine d'Antimoine rouge*, mêlée, de mine d'Antimoine grise solide & cristallisée: de l'Isle de Corse.

On voit clairement par ce morceau, que la mine d'Antimoine rouge doit son origine à la décomposition de la mine d'Antimoine grise.

ESPÈCE V.

M**INE D'ANTIMOINE** **EN PLUMES. E.** { *Spies-glas-bluthe* des Allemands.

Minera Antimonii plumosa. Auctor.
Antimonium griseum vel rubrum plumosum. Wolt. min. 27.

———————— *magnâ copiâ sulphuris mineralisatum, lanæ instar, fibris capillaribus separatis.* Wall. min. 239.

———————— *sulphure & arsenico mineralisatum rubrum.* Wall. min. 242.

———————— *auripigmento mineralisatum vel Antimonium solare.* Cronst. min. 235.

———————— *mineralisatum striatum, striis albis vel obscurè rubris, nitidis, friabilibus, subtilissimis.* Carth. min.

Stibium mineralifatum, fibrofum, rubrum. Syft. nat. XII. 124. nº. 4.

Stibigo vel *ochra ftibii germinans rubra.* Syft. nat. XII. 194. nº. 13.

Flores Antimonii feu minera Antimonii rubra. Vogel. min. 496.

Cette efpèce, qui, fuivant la remarque de M. Lehmann, fe trouve ordinairement placée à la furface de la *mine d'Antimoine grife*, n'eft, à proprement parler, qu'une variété de la précédente & eft, comme elle, le produit d'une mine d'Antimoine grife décompofée. La couleur rouge que prend quelquefois le foufre, lorfqu'il eft combiné avec l'arfénic, a fait croire à la plupart des Minéralogiftes que cette efpèce étoit minéralifée par le foufre & l'arfénic enfemble; mais les traces de décompofition qui accompagnent prefque toujours cette *mine en plumes*, ne permettent pas de douter qu'elle n'ait le même principe minéralifant que la *mine d'Antimoine rouge granuleufe* (ci-deffus ʊ D.) Quoique la couleur rouge foncée tirant fur le pourpre lui foit plus ordinaire que toute autre, on obferve néanmoins que la *mine en plumes* qui réfulte de la décompofition des *mines d'Antimoine grifes tenant argent*, fe montre fous la forme de filets courts, élaftiques, très-minces, de couleur grife ou bleuâtre. Voyez ce qui en a été dit fous le nom de *mine d'argent en plumes* (ci-deffus ☽ K.)

♄ E. 1. *Mine d'Antimoine en plumes* , ou en petites houppes foyeufes d'un rouge pourpre, lefquelles fe ramifient en façon de dendrites fur du quartz, où l'on diftingue encore quelques parcelles de mine d'Antimoine grife non décompofée : de la *Vieille Efpérance de Dieu*, à Freyberg.

♄ E. 2. Un morceau des plus curieux, en ce qu'il préfente à côté l'un de l'autre deux faifceaux d'aiguilles d'Antimoine, *foyeufes & du plus beau rouge* dans l'un, *grifes & criftallifées* dans l'autre. Ces aiguilles font implantées à la furface & dans les interftices d'un grouppe de criftaux quartzeux blancs : de *Braunfdorff*, en Saxe.

♄ E. 3. Deux échantillons de *mine d'Antimoine en plumes grifes & bleues*, fur du quartz criftallifé, mêlé de mine d'Antimoine grife folide tenant argent : de *Stolberg*.

Cette variété ne diffère en rien de la mine d'*Argent en plumes*, (Voyez les mines de ce métal, Efp. X. var. 1.) Ceux qui lui donnent ce nom, ont égard à l'argent qu'on obtient de la mine d'Antimoine grife, avec laquelle cette mine *en plumes* fe rencontre.

ZINC. ♄.

ESPÈCE I.

ZINC CRISTALLISÉ NATIF. A. { *Gediegener-zinc* des Al.

Zincum nudum nativum. Bom. min. 2. p. 58.
An *Zincum cristallinum* seu *cristallisatum.* Muf.
　　Teff. 52. nᵒ. 1. Syft. nat. XII. 128. nᵒ. 1?
An *Minera Zinci calciformis pura, indurata, dru-sica.* Cronft. min. 228. 1?

M. de Bomare dit avoir rencontré dans
les mines de zinc à Goflard, & dans celles
de calamine du Duché de Limbourg » du
» *Zinc vierge* en petits filets plians, d'une
» couleur grisâtre & s'enflammant facile-
» ment ... lequel étoit environné d'une
» terre jaunâtre, ochracée, ferrugineufe ».
Mais il n'eft pas bien décidé que cette efpèce foit la même que celle dont parle M.
Limné en termes affez obfcurs, en y joi-
gnant pour fynonime une *mine de zinc en
chaux pure d'un gris blanchâtre,* qui a l'apparence extérieure du plomb fpathique ou
du verre de zinc artificiel. Celle-ci qui,
felon M. Cronftedt, fe trouve dans les
mines d'Angleterre & du Comté de Namur parmi d'autres calamines, n'eft peu-

être que le *spath de zinc* de M. Jufti, où la *calamine blanche criftallifée* décrite ci-après, ℤ D 1. & 2. Quoiqu'il en foit l'exiftence du Zinc vierge ou natif eft encore problématique.

ESPÈCE II.

MINE DE ZINC BLAN- **CHASTRE. B.** { *Spiauter - malm* des Suédois.

nommée par quelques-uns *fauffe Galêne.*

Minera zinci vel *pfeudo-galena.* Auctor.
Zincum mineralifatum, compactum fubfquammo-
fum. Syft. nat. XII. 125. n°. 2.

 *canum galená intertextum.* Syft. nat. IX. 178. n°. 1.

―――――― *fulphure ac ferro vel plumbo minerali-*
fatum, colore obfcuro, particulis mi-
cantibus. Wall. min. 247.

―――――― *ferro fulphurato mineralifatum.* Cronft. min. 229.

Mine de zinc minéralifée. *Monn. Expof. des min.* p. 117.

Mine de zinc dure. *Bucq. introd.* 2. p. 133.

M. Cronftedt, qui regarde les Blendes ordinaires comme un *zinc à l'état de chaux minéralifé avec le foufre par l'intermede du fer*, a fait une efpece particuliere de celle dont il s'agit, comme la feule dans laquelle le zinc fut *à l'état métallique*, quoiqu'également *minéralifé avec le foufre par l'intermede du fer;* mais elle ne differe des autres Blendes que par fon coup d'œil extérieur. Elle imite par fon tiffu la *galéne* ou *mine de plomb grife*, ce qui lui a fait donner le nom de *fauffe galêne*: néanmoins les feuillets qui la compofent ne font ni fi diftinɛts, ni fi brillans que ceux de la galêne; d'ailleurs la couleur métallique grife-bleuâtre de cette mine de Zinc n'eft point auffi claire que celle de la galêne, ni auffi obfcure que celle des mines de fer de la Suede.

ℤ B. 1. *Mine de Zinc d'un blanc bleuâtre* en petites écailles, moins diftinɛtes & moins brillantes que celles de la *galêne à petites facettes* qui l'accompagne. Elle a pour gangue une pierre grife, mêlée d'ochre jaunâtre qui paroît être un Zinc à l'état de chaux ou de calamine : de *Rattwick* en Dalécarlie.

> *Minera Zinci albefcens vel cœrulefcens.* Wall. min. 247. 1 & 2. *Hoc refert argentum album canefcens cum galenâ & ochrâ flavâ.* Lin. Syft. nat. XII. 125. n°. 2. M. Brandt, qui a examiné cette efpèce en 1734, dit qu'on n'en a trouvé que très-peu. Voyez *fa Differtation fur les Demi-Métaux dans les Mémoires de l'Académie d'Upfal, tom. IV. an. 1735.*

ℤ B. 2. *Mine de Zinc livide,* ou de *couleur de fer,* mêlée d'un peu de pyrite cuivreufe, & fans gangue : de la mine de *Blocks,* près de *Bowalsdahl,* dans la Paroiffe de Tuna en Dalécarlie.

Minera

Minera Zinci livida feu *ferreo colore.* Wall. min. 247.
5. *Zincum Swabii* feu *Zincum mineralifatum compactum, atomis albidis, nitidulis.* Syſt. nat. XII. 125. n°. 3.
Cette variété a été découverte en 1738 par M. Swab,
Conſeiller des mines de Suède. Le morceau que je
poſſede eſt ſolide & compacte, parſemé de petits points
luiſans : il rend par le frottement une odeur de *foie de
foufre* très-ſenſible, comme la plûpart des autres *Blendes.*

ℤ B. 3. *Mine de Zinc folide & lamelleufe,* d'un
gris bleuâtre, fans matrice, mais chargée
d'un peu d'ochre jaune : de *Jarlsberg* en Norwege.

Zincum formâ metallicâ fulphuratum. Cronſt. min.
229. 1. *Zincum lamellofo imbricatum metallicum.* Muſ.
Teſſ. 54. n°. 3.

ℤ B. 4. *Mine de Zinc folide & lamelleufe,* d'un
gris brun, mêlée de pyrite cuivreuſe : d'*Embs*
dans la Principauté de Naſſau.

Minera Zinci fufca. Wall. min. 247. 4. Cette variété
diff-ere très-peu, même par la couleur, des *Blendes*
brunes ordinaires, dönt il fera parlé ci-après Eſp. III.

ESPÈCE III.

MINE DE ZINC ÉCAILLEUSE ou CRISTALLISÉE. C. connue fous le nom de BLENDE.

{ *Blœnde* des Allemands.

Pfeudo-galena vel *fterile nigrum.* Auctor.
Zincum calciforme cum ferro fulphuratum. Cronſt.
min. 230.

*Zincum ſulphure, arſenico & ferro mineraliſa-
tum, minerâ ſquammulis vel teſſulis
micante, obſcurâ aut rubrâ aut pulve-
rem rubicundum exhibente.* Wall. min.
249 & 250.

———— *mineraliſatum ſquammoſum nigricans,
aut rubeſcens, nitens.* Carth. min. 61.

———— *lapideum, lamelloſum, galenam ſimu-
lans, colore nigricante fuſco aut rubeſ-
cente.* Wolt. min. 27.

———— *ſterilum ſemiteſſellatum atrum.* Syſt.
nat. XII. 126. nº. 6.

———— *micaceum ſubteſſulatum nigrum.* Syſt.
nat. IX. 178. nº. 2.

———— *micaceum rubicundum triturâ rufâ.*
Syſt. nat. IX. 178. nº. 3, Syſt. nat.
XII. 127. nº. 8.

Galena zincina. Valm. de Bom. min. 2. p. 59.

Mine de zinc vitreuſe ou Blende de zinc. *Monn.
Expoſ. des min. p. 120.*

Mine de zinc à facettes luiſantes, & comme vitreuſe. *Bucq. introd. p. 135.*

Cette eſpèce ne diffère preſque en rien
de la précédente : le Zinc s'y trouve pareillement à *l'état métallique* & non à *l'état
de chaux*, comme l'avoit avancé M. Cronſtedt : ſuivant lui, ce Zinc eſt *minéraliſé
avec le ſoufre par l'intermede du fer :* mais
M. Sage a reconnu par des expériences
multipliées, que dans la *Blende*, le Zinc
étoit *minéraliſé avec le ſoufre par l'intermede de la terre abſorbante*, laquelle met

ce dernier dans l'état de foie de foufre. En effet, l'odeur de ce *foie de foufre terreux* eft fenfible dans la plupart des *Blendes*, lorfqu'on les pulvérife ou qu'on y verfe un acide quelconque. Il réfulte des effais de ce Chymifte que la Blende contient par quintal 40 livres de zinc, 24 livres de foufre, 20 de cobalt, 6 de fer & 10 de terre abforbante; mais la proportion du fer & du cobalt varie dans cette mine, ce qui caufe la différence des couleurs qu'on y remarque : plus cette couleur eft brune, plus la *Blende* contient de fer. La propriété phof-phorique qu'ont certaines Blendes jaunes ou d'un brun rouge, vient peut-être de ce que le foie de foufre qui les minéralife s'y rencontre en plus grande abondance que dans les autres ; auffi le frottement le plus léger fuffit-il pour en dégager l'odeur particuliere à cette combinaifon faline. (*Voyez fur cette mine de Zinc la Differtation de M. Funck, inférée dans les Mém. de l'Académie Royale des Sciences de Suède. Tom. VI. an. 1744.*)

C. 1. Blende criftallifée, demi-tranfparente & d'un rouge jaunâtre, avec un fpath perlé rhomboïdal : de *Sainte-Marie aux-Mines*

La forme des criftaux de Blende qui compofent ce petit grouppe eft peu régulière : on peut cependant y

P ij

reconnoître des cubes dont les angles & les bords font
tronqués. (*Eff. de Crift. p. 332.*)

♃ C. 2. *Blende criftallifée* d'un rouge jaunâtre
ou de couleur de corne, fur du quartz en
partie criftallifé : de *Weyer*, pays de Runckel.

C'eft la variété nommée par les Allemands HORN-
BLÆNDE. *Pfeudo-galena rubens flava, femipellucida.*
Wall. min. 250. 4.

♃ C. 3. *Blende lamelleufe opaque*, d'un rouge
jaunâtre & changeant, mêlée de pyrite blanche arfénicale, avec un peu de quartz : de
Saxe. Elle eft un peu phofphorique.

Pfeudo-galena rubens, flava, opaca. Wall. min. 250. 3.

♃ C. 4. *Blende jaune phofphorique* entremêlée
de galêne, dans une gangue de fpath vitreux
irrégulier : de *Scharffenberg* en Mifnie.

Cette Blende a la propriété de paroître lumineufe,
lorfqu'on la gratte dans un lieu obfcur avec la pointe
d'un couteau ; elle rend en même tems une odeur très-
fenfible de foie de foufre décompofé. La Blende rouge
de *Scharffenberg* eft encore plus phofphorique que la
jaune, car la pointe d'une plume ou d'un cure-dent
fuffit pour produire en elle ce phénomene curieux.

♃ C. 5. *Blende en petits criftaux rouges & tranf-*
parens comme des grenats. Leur forme peu
réguliere paroît tenir du cube & de l'octaëdre : ils font grouppés fur du quartz & parfe-
més d'autres petits criftaux de fpath lenticulaire : du Hartz.

Pfeudo-galena rubens, rubra. Wall. min. 250. 2.

♃ C. 6. Autre de la même variété, mais en
criftaux beaucoup plus petits, fur du quartz :
de *Sainte-Marie aux-Mines.*

Z C. 7. *Blende criftallifée* opaque, d'un rouge brun, fur du quartz parfemé de marcaffites très-fines : de *Rammelsberg*, au Hartz.

Z C. 8. *Blende brune & colorée* gorge de pigeon, criftallifée en cubes dont les angles font tronqués. Elle eft mélée avec un petit filon de galêne, dans du quartz : du Comté de Northumberland.

 Pfeudo-galena durior, cinereo-nigra, teffularis. Wall. min. 249. 2.

Z C. 9. *Blende criftallifée rouge*, opaque, & d'un gris foncé : du Comté de Stafford. Elle a pour gangue l'efpèce de fpath fufible appellée *Cauk* par les Anglois.

 Cette Blende a éprouvé de l'altération à fa fuperficie, qui paroît être à l'état de Calamine. *Pfeudo-galena rubens, obfcurè cinerea.* Wall. min. 250. 1.

Z C. 10. *Blende lamelleufe rouge*, mêlée de mine d'argent grife & de fpath perlé blanc : de *Sainte-Marie aux-Mines*.

Z C. 11. *Blende écailleufe d'un brun rouge*, parfemée de petites pyrites martiales : de *Fahlun*.

 Pfeudo-galena mollior obfcura, fquammulis tenuioribus. Wall. min. 249. 1.

Z C. 12. Autre, à particules plus grandes qui affectent la forme cubique ; elle eft auffi mêlée de pyrites martiales, & vient de *Sahlberg*.

Z C. 13. *Blende rougeâtre en petites écailles*, mêlée de mine d'antimoine grife dans du quartz, avec fpath féléniteux rhombéal : de l'Ifle de Corfe.

P iij

An *Zincum stibiatum* seu *mineralifatum fibrofum.* Syft. nat. XII. 126. n°. 4?

ℤ C. 14. *Blende brune* en criftaux octaëdres, aluminiformes, grouppés avec mine de plomb teffulaire en cubes dont les angles font tronqués, mine d'arfénic blanche rhomboïdale, fpath calcaire prifmatique & fpath féléniteux en tables : de *Mariemberg* en Saxe.

Zincum fterilum, octaedro-cryftallifatum, conglomeratum. Syft. nat. XII. 127. n°. 7.

ℤ C. 15. Deux petits grouppes peu différens & du même endroit; l'un defquels eft mêlé de criftaux de roche & de mica.

ℤ C. 16. *Blende noire luifante* ou de *couleur de poix*, fous la forme de petits criftaux lamelleux peu réguliers, grouppés fur du fpath vitreux cubique, avec un fpath calcaire polygone à vingt-quatre facettes, qui a la tranfparence & l'éclat du criftal de roche le plus pur : du Comté de Darby.

Cette Blende eft de la variété nommée par les Allemands PECH-BLÆNDE. *Pfeudo galena picea, teffulis minoribus micans.* Wall. min. 249. 4.

ℤ C. 17. Deux autres morceaux de *Blende noire luifante*, criftallifée & raffemblée en mammelons, fur du fpath vitreux cubique mêlé de *Cauk* blanc auffi mammelonné : d'Angleterre.

ℤ C. 18. *Blende noire luifante*, mammelonnée, fur du fpath vitreux blanc, en cubes très-diaphanes, dont les bords font en bifeau : du même pays que les précédens.

ZZ C. 19. *Blende brune* dont la superficie passe à l'état de *Calamine grise*, sur du quartz en partie cristallisé : de Saxe.

ZZ C. 20. *Blende brune tenant or*, avec marcassites & un petit grouppe de cristaux de roche : de Hongrie.

> Voyez d'autres *Blendes tenant or*, ci-dessus parmi les mines d'or, Esp. II. var. 4 & 5. Souvent aussi elles tiennent *argent* : Voyez les mines de ce métal, Esp. XI.

ZZ C. 21. *Blende brune*, chargée d'une *Manganaise* en poussiere qui tache les doigts comme de la suie : d'*Ilménau* dans le Duché de Weymar.

ZZ C. 22. *Blende en petites écailles* d'un brun rouge, mêlée de mine de fer noirâtre, attirable à l'aimant : de *Nykopparberg* en Suède.

ZZ C. 23. *Blende rouge solide*, à grandes lames luisantes, mêlée d'un peu de pyrite cuivreuse : du *Graneik* à *Clausthal*, au Hartz.

ZZ C. 24. *Régule de Zinc* obtenu des mines précédentes.

ZZ C. 25. *Régule de Zinc*, de la *Chine* ; il nous vient des Indes sous le nom de *Toutenague*.

> Ce Zinc est très-pur & préférable à celui de Goslar, qui contient du plomb. On ignore la méthode employée par les Chinois pour le traitement de cette mine.

ESPÈCE IV.

CALAMINE ou PIÈRRE CALAMINAIRE. D. *{ Calmey ou Calmey-stein des Allemands.*

Lapis calaminaris vel *Cadmia.* Officinar.

Zinci minera terrea, colore flavescente vel fusco. Wall. min. 248.

Zincum argillosum, ponderosum, colore vario, plerumque flavescente. Wolt. min. 27.

——— *terrestre, albo-flavum, durum.* Carth. min. 61.

——— *subterreum lapidescens calaminaris.* Syst. nat. XII. 126. n°. 5.

Minera Zinci calciformis impura : ochra sive calx Zinci martialis. Cronst. min. 228. n°. 2.

Mine de zinc en chaux. *Monn. Expos. des min.* p. 118.

Cette espèce provient de la décomposition des précédentes. Elle n'est, suivant M. Cronstedt que l'*ochre* ou *la chaux du Zinc* intimement combinée avec l'*ochre martiale* ; mais M. Sage a reconnu depuis que l'*Acide marin* y entroit aussi comme minéralisateur dans la proportion de 34 livres par quintal. Les cristaux de spath calcaire, les madrépores, les entroques & autres corps marins que l'on trouve souvent changés en Calamine, nous font pré-

fumer que ces mines tirent leur origine
d'un *vitriol de zinc* décomposé par les fubftances calcaires fur lefquelles il a paffé. Il
y a lieu de croire que l'*Acide vitriolique*,
altéré par la matiere graffe qui réfulte de
la décompofition de la terre calcaire, fe
change en *Acide marin*; que cet acide fe
combine alors avec la chaux du zinc, &
qu'il lui fait prendre les couleurs *blanche*,
verte, rouge ou *jaunâtre*, que l'on obferve
auffi dans les autres fubftances métalliques
minéralifées par ce même acide, telles
que le *plomb*, l'*étain*, le *cobalt*, &c. Le
vitriol de zinc étant fouvent un *vitriol mixte*
par fon union avec le fer ou le cuivre, les
Calamines qui en proviennent font rarement exemptes de l'un ou de l'autre de
ces métaux, & principalement du fer qui
s'annonce dans ces mines par fa couleur
ochracée d'un brun rouge. On voit dans
les environs d'Aix-la-Chapelle un exemple
bien fenfible de la formation de ces fortes
de mines par la décompofition des pyrites;
fans parler des eaux thermales & des fleurs
de foufre, qui fe rencontrent dans la Ville
même, Swedenborg rapporte que près des
carrieres d'où l'on tire la pierre calaminaire, on trouva en creufant un puits une
fource remplie de pyrite vitriolique, &
qu'en creufant davantage on aboutit à une

cavité d'où il fortit du feu : cet habile Naturalifte ajoute qu'il y avoit à peu de diftance de là trois montagnes dont une contenoit du *charbon de terre*, une autre de la *pierre à chaux rouge*, *violette & grife*, & la troifieme de la *pierre calaminaire*. (Swedenborg. *Opera mineral. de cupro.* p. 342.)

♉ D. 1. *Calamine blanche* granuleufe & criftallifée en petits prifmes tranfparens, peu réguliers & comprimés : du *Comté de Nottingham* en Angleterre.

    An *Minera Zinci calciformis pura*, *indurata*. Cronft. min. 228. nº. 1 ?

♉ D. 2. *Calamine blanche criftallifée*, de même forme que le fpath calcaire pyramidal, appellé *dents de cochon* (Eff. de crift. p. 127. Efp. XII.) Ce criftal, qui a près de deux pouces de longueur, eft opaque, cellulaire & en partie rempli par une Calamine granuleufe verte : du Comté de Sommerfet.

    Ce morceau doit fon origine à la décompofition du *fpath calcaire pyramidal*, dont il a confervé la figure malgré fon changement total en *Calamine*. Seroit-ce le *Spath de Zinc* de Jufti ?

♉ D. 3. *Calamine blanche* folide & criftallifée en grouppes : du Comté de Sommerfet. Les criftaux font plus petits, mais de même forme que le précédent.

    On rencontre quelquefois des grouppes de ces criftaux, dont une partie eft encore à l'état de *Spath*, tandis que l'autre eft changée en *Calamine*. Ce paffage du

Spath calcaire à un autre état, sans que sa forme en soit altérée, se fait aussi remarquer dans les *mines de Fer spathiques*. Voyez les mines de fer, Esp. XV. var. 14. & celles de cuivre, Esp. VIII. var. 11 & 13.

♃ D. 4 *Calamine blanche* solide & comme vermoulue : les sillons onduleux qui caractérisent cette espèce sont remplis de calamine grisâtre & brunâtre, mêlée d'ochre martiale : du Comté de Nottingham.

♃ D. 5. *Calamine cellulaire* & lamelleuse, blanche d'un côté, mais variée de plusieurs nuances de verd sur l'autre : du Comté de Sommerset.

♃ D. 6. *Calamine cellulaire* cendrée & verdâtre : du même endroit que la précédente.

♃ D. 7. *Calamine verte cellulaire*, où l'on distingue encore quelques parcelles de *Blende rouge* non décomposée : du Comté de Sommerset.

♃ D. 8. *Calamine d'un jaune blanchâtre*, chargée de Calamine verte. Cette derniere est plus cellulaire que la jaune : aussi d'Angleterre.

Lapis calaminaris luteo-albus. Wall. min. 248. 2.

♃ D. 9. *Calamine spongieuse* & comme vermoulue, d'un brun rouge : quelques vestiges de Blende non décomposée s'y font encore remarquer : de Sommerset.

Lapis calaminaris rubro-fuscus. Wall. min. 248. 3.

♃ D. 10. *Calamine granuleuse* blanche & grisâtre, dont les sinuosités sont remplies de Calamine friable & mammelonnée d'un brun rouge. Cette derniere tient beaucoup de fer : du Comté de Namur.

D. 11. Petit filon de *Blende rougeâtre*, mêlée de galêne, entre deux lifieres, l'une de fpath calcaire blanc, l'autre de *Calamine* mêlée de terre martiale & d'ochre de plomb : d'Angleterre.

Le paffage de la Elende à l'état de Calamine eft fenfible fur ce morceau.

D. 12. *Calamine verte, grife & jaunâtre* mêlée de blende rouge & de galêne qui fe décompofent : du Comté de Sommerfet.

Lapis calaminaris luteo-cinereus. Wall. min. 248. 1.

D. 13. *Calamine blanche* mêlée de petits criftaux de mine de plomb blanche, verte & rougeâtre : d'Angleterre.

ESPÈCE V.

MANGANAISE ou MA-GNÉSIE. E.   { *Braun - ftein* des Allemands.

Magnefia Vitriariorum. Auctor.

Magnefia fyderea vel nigra. Cronft. min. **113.**

Ferrum mineralifatum, minerâ fuligineâ, manus inquinante, quæ fparfim ftriis convergentibus conftat. Wall. min. **264.**

———— *nigricans fplendens è centro radiatum.* Wolt. min. **31.**

———— *mineralifatum nigricans, obfoletè fplendens, fibrofum.* Carth. min. **72.**

Ferrum intractabile fuscum, inquinans, particulis micaceis, striatis. Syst. nat. IX. 180. n°. 8.

Molybdænum magnesia, triturâ atrâ. Syst. nat. XII. 121. n°. 2.

M. Pott a prouvé dans la seconde partie de sa Lithogéognosie (*p. 252 de la trad. franç.*) que la Manganaise n'étoit point une mine de fer, & que ce métal, lorsqu'il s'y rencontroit, n'y étoit qu'accidentellement ; mais M. Sage est le premier qui ait placé la Manganaise au nombre des *mines de Zinc.* Ce Chymiste soupçonne qu'elle provient aussi des *Blendes* décomposées, & il conclut des essais qu'il a faits de cette substance, que le Zinc s'y trouve *à l'état de chaux minéralisée par l'acide marin.* Suivant ces essais, la Manganaise contient par quintal depuis 63 jusqu'à 80 livres de zinc, depuis 7 jusqu'à 16 livres d'*acide marin*, & depuis 9 jusqu'à 13 livres de *cobalt.* Il y a des manganaises qui contiennent de plus jusqu'à 10 livres de *fer*, d'autres jusqu'à 12 livres de *plomb* par quintal ; il s'en trouve enfin, mais rarement qui contiennent du *cuivre.* (Voyez les *Elem. de min. docim. p. 175 & suiv,*) La *pierre de Périgord* ou *Périgueux* des Droguistes de France ne diffère en rien de la manganaise ;

c'eſt donc à tort que M. de Bomare en a fait une eſpèce particulière.

℥ E. 1. *Manganaiſe criſtalliſée* en priſmes courts, tétraèdres, rhomboïdaux, & ſtriés ſuivant leur longueur : (*Eſſ. de criſt. p. 331.*) Quelques-uns de ces priſmes s'élevent verticalement, mais la plupart ſont couchés & entrelacés d'une manière très-confuſe : d'*Eibenſtock* en Saxe.

> *Magneſia teſſulata ſplendens.* Wall min. 264. 4. *Magneſia parùm martialis cryſtalliſata.* Cronſt. min. 116. 4. Voyez le Catal. raiſ. de 1772. n°. 649.

℥ E. 2. *Manganaiſe criſtalliſée* en aiguilles priſmatiques luiſantes, aſſez groſſes, entrelacées les unes avec les autres & mélées d'un peu de ſpath compacte blanc : d'*Ileſeld* en Thuringe.

℥ E. 3. Autre, en aiguilles plus déliées, mêlée de *manganaiſe effleurie noire & friable* qui tache les doigts comme de la ſuie. Le ſpath compacte blanc qui lui ſert de gangue en eſt en partie coloré.

℥ E. 4. *Manganaiſe effleurie noire, granuleuſe*, à la ſurface & dans les interſtices d'une manganaiſe criſtalliſée : du même endroit que la précédente.

> *Magneſia friabilis terriformis nigra.* Cronſt. min. 114. A. *Ochra Magneſia pulverea nigra.* Syſt. nat. XII. 194. n°. 9.

℥ E. 5. *Manganaiſe ſtriée*, ou compoſée d'aiguilles longues diſpoſées par faiſceaux qui partent de différens centres : de Saxe.

Magnesia striata. Wall. min. 264. 2. *Magnesia fibris parallelis fasciculatis.* Carth. min. 72.

♃ E. 6. *Manganaise solide* à stries étoilées, ou dont les aiguilles se concentrent comme dans certaines mines d'antimoine ; on la distingue de celles-ci par sa couleur grise moins brillante & plus foncée.

Magnesia fibris è centro radiantibus. Carth. min. *ibid.*

♃ E. 7. Autre mêlée de mine d'antimoine grise en aiguilles fines, dans du spath compacte blanc : des environs de *Breintenbach* en Thuringe.

Ce morceau est analogue à celui qui a été décrit ci-dessus parmi les mines d'Antimoine, Esp. III. var. 5.

♃ E. 8. *Manganaise* en petits mammelons, mêlée d'ochre martiale : de *Schmalkden* en Hesse.

Magnesia parùm martialis hemispheriis continuis. Cronst. min. 116. 4. A.

♃ E. 9. *Manganaise pure & compacte*, d'un gris foncé, & qui, frappée avec le briquet, donne des étincelles : du *Piémont*. On n'y apperçoit point le tissu strié ou aiguillé des précédentes.

Magnesia solida. Wall. min. 264. 1. *Magnesia parùm martialis compacta.* Cronst. min. 116. a. 2.

♃ E. 10. *Manganaise solide & feuilletée*, rougeâtre, traversée par une veine de quartz blanc : aussi du Piémont.

Magnesia squammosa. Wall. min. 264. 3. *Magnesia indurata rubra.* Cronst. min. 114. B. b.

BISMUTH. W.

ESPÈCE I.

BISMUTH VIERGE ou NATIF. A. { *Gediegen - Wismuth* des Allemands.

Wismuthum nativum. Wall. min. 243.
Vismuthum nativum. Cronft. min. 222. Juft. min. 158.
——————— *nudum.* Syft. nat. XII. 128. nᵒ. 1. Carth. min. 54.
Bifmuthum nudum nativum, petrâ variâ veftitum, vulgò *minera Bifmuthi.* Wolt. min. 28.
——————— *nativum purum.* Bom. min. 2. p. 49.

Il eft beaucoup plus ordinaire de rencontrer le *Bifmuth* dans cet état, que dans l'état de Mine, c'eft-à-dire combiné avec un minéralifateur quelconque, tel que le foufre ou l'arfénic. Lors même qu'il eft ainfi combiné, il y en a prefque toujours une portion qui eft reftée *vierge*. C'eft cette portion non minéralifée qui fe dégage d'abord en globules métalliques blancs & brillans, lorfqu'on échauffe promptement un morceau de ces mines, en le mettant dans un creufet rougi au feu. Voyez la maniere dont s'opere ce phénomène

dans

dans les *Elémens de Minéralogie docim.* de *M. Sage.* p. 183 & 186.

W A. 1. *Bismuth vierge criſtalliſé*, d'un blanc jaunâtre & ſans matrice : de *Joachimſthal* en Bohême. Ce fragment, compoſé de lames triangulaires poſées en retraite les unes ſur les autres , eſt trop irrégulier pour qu'on puiſſe déterminer la forme du criſtal entier dont il a fait partie.

Wiſmuthum nativum cryſtalliſatum , figurâ teſſulari. Wall. min. 243. 4.

W A. 2. *Bismuth vierge ſolide*, ou en maſſe lamelleuſe & protubérancée : de *Schnéeberg* en Saxe. Il eſt auſſi ſans matrice, mais on y remarque un enduit granuleux d'un verd jaunâtre qui paroît être une *ochre* ou *chaux de Bismuth.* (W E.)

Wiſmuthum nativum ſolidum. Wall. min. 243. 1.

W A. 3. *Bismuth vierge lamelleux* , d'un blanc bleuâtre , dans une gangue quartzeuſe griſe : de *Schnéeberg.*

Wiſmuthum nativum tenuibus lamellis adhærens. Wall. min. 243. 2.

W A. 4. *Bismuth vierge lamelleux* , d'un blanc jaunâtre , dans du quartz en partie criſtalliſé : de Saxe.

W A. 5. *Bismuth vierge ſolide & lamelleux* , mêlé de *mine de Bismuth arſénicale* , & traverſé par une veine d'*Arſénic noir teſtacé* de 3 à 4 lignes d'épaiſſeur , avec mine d'argent rouge granuleuſe : de *Joachimſthal.*

Voyez le Catal. raiſ. de 1772. n°. 545.

Q

W A. 6. *Bifmuth vierge*, mêlé de mine de Bifmuth arfénicale & de cobalt. Le premier a été dégagé en partie des deux autres par le grillage, & il s'eft fixé à la fuperficie du morceau fous la forme de globules blancs & brillans dans leur origine, mais actuellement ternes & d'un gris foncé.

W A. 7. Culot métallique compofé des *régules de Bifmuth & de Cobalt*. La denfité différente de ces deux demi-métaux empêche qu'ils ne fe confondent lorfqu'ils font en fufion. Le Bifmuth étant le plus pefant occupe la partie inférieure du culot.

W A. 8. Criftaux *octaëdres* obtenus par M. Sage d'un *amalgame de Bifmuth & de Mercure*. Les huit faces triangulaires de ces octaëdres paroiffent formées par des triangles concentriques.

Quelques-uns de ces criftaux font peu réguliers; leur forme participe du cube & de l'octaëdre.

W A. 9. *Régule de Bifmuth* ordinaire.

W A. 10. Efpèce de *régule de Bifmuth* obtenu par un procédé chymique qui nous eft inconnu. On y diftingue des cubes ébauchés, formés par des lames pofées en retraite les unes fur les autres comme les marches d'un efcalier.

Voyez le Catal. raif. de 1772. n°. 578 *.

ESPÈCE II.

MINE DE BISMUTH ARSÉNICALE ou COBALTIQUE. B. { *Glantzig-wismuth-ertz,* des Allemands.

Galena Wismuthi. Auctor.
Wismuthum arsenico & cobalto mineralisatum, punctulis galenæ instar micantibus. Wall. min. 244.
——— *arsenico & sulphure ac cobalto mineralisatum, colore flavescente variegato efflorescens.* Wall. min. 245.
——— *mineralisatum, particulis nitidis, albo-flavescentibus vel flavo-rubescentibus.* Carth. min. 54.
——— *mineralisatum particulis lamellosis erectis, duris, indeterminatis, subfusco-flavis, obsoletè nitentibus.* Carth. min. ibid.
Bismuthum cobalto mixtum. Wolt. min. 28.
——— *commune seu mineralisatum albo-flavescens, micans.* Syst. nat. XII. 128. nº. 2.
Bismuth minéralisé par l'arsénic. *Sage Elém. de min. doc. p.* 187.
Mine de bismuth commune, ou bismuth minéralisé avec le cobalt. *Monn. Expos. des min.* p. 115.

Cette espèce, ordinairement chatoyante comme la gorge de pigeon, se trouve souvent mêlée avec le Bismuth vierge dans les mines de cobalt grises. On la distingue du Bismuth vierge en ce qu'elle ne se laisse point couper comme lui avec le couteau. D'ailleurs dans le grillage de ces mines, le Bismuth non minéralisé se dégage sous sa forme métallique, avant que l'autre ait perdu son minéralisateur. Il est bon d'observer que les prétendues *fleurs de Bismuth d'un rouge pâle*, qui, suivant quelques Minéralogistes, accompagnent cette mine, ne sont point dues au Bismuth, mais seulement au cobalt dont elle est mêlée.

W B. 1. *Mine de Bismuth arsénicale*, en petites lames luisantes, d'un gris clair, disposées par suites longitudinales, ou en forme de dendrites chatoyantes, dans du jaspe rouge mêlé de mine de cobalt grise, avec ses fleurs superficielles : de *Daniel* à Schnéeberg.

Minera Wismuthi cinerea, solida & striata. Wall. min. 244. 1 & 2. *Minera Bismuthi versicolor.* Baum. min. I 461. §. 7. Le Jaspe qui sert de gangue à cette mine est susceptible d'un beau poli. Lorsqu'on le frappe avec le briquet, il rend avec beaucoup d'étincelles une forte odeur d'arsénic.

W B. 2. *Mine de Bismuth arsénicale*, mêlée de Bismuth vierge, avec mine de cobalt grise & ses fleurs : d'*Annaberg*.

Ces mines sont répandues dans un Spath calcaire blanc, qui en est comme moucheté ; ce qui a fait donner à cette variété le nom de *mine de Bismuth tigrée*; l'un des côtés du morceau a été poli.

W B. 3. *Mine de Bismuth arsénicale*, mêlée de Bismuth vierge & de cobalt dans du quartz en partie cristallisé : de *Schnéeberg*.

W B. 4. Autre petit morceau de la même variété : de la mine du *Vieux pere*, à Annaberg.

ESPÈCE III.

Mine de Bismuth sulfureuse. C. *Vismuthum sulphure mineralisatum.* Cronst. min. 224.

——————— *iners seu mineralisatum nitens sublaminosum.* Syst. nat. XII. 128. n°. 4.
Bismuth minéralisé par le soufre. *Sage Elém. de min. doc. p. 186.*
Mine de Bismuth soufrée. *Monn. Expos. des min. p. 114.*

Cette espèce, dont nous devons la connoissance à M. Cronstedt, ressemble assez par la couleur à la précédente. Elle est ordinairement dépourvue d'arsénic & de cobalt. Suivant la direction de ses cassures, elle imite tantôt la galêne à grandes facettes, & tantôt la mine d'antimoine grise à stries paralleles. Cette mine rare n'a encore été trouvée qu'en Suède.

W C. 1. *Mine de Bismuth sulfureuse* d'un gris bleuâtre & brillant. Elle est en lames ou stries paralleles dans une gangue quartzeuse

mêlée de bafalte fibreux verd, avec mine de
fer & pyrite cuivreufe : de *Baftnaes* à Riddarhyttan.

An *Minera Bifmuthi fubcinerea, fibris viridibus in-*
tertexta. Valm. de Bom. min. 2. p. 52 ?

ESPÈCE IV.

Mine de Bismuth martiale. D.
Vifmuthum ferro fulphurato mineralifatum. Cronft.
min. 225.
———— *martiale feu mineralifatum lamellis*
cuneatis. Syft. nat. XII. 128. n°. 3.
Mine de bifmuth ferrugineufe, ou Bifmuth minéralifé par le fer. *Monn. Expof. des mines.*
p. 115.

Cette efpèce, encore indiquée par M.
Cronftedt, eft, dit ce Minéralogifte, en
groffes écailles cunéiformes, & fe trouve
à Kongfberg en Norwege. Je n'ai point
eu occafion de la voir.

ESPÈCE V.

Ochre ou Chaux de
Bismuth native,
appellée Fleurs de
Bismuth. E.
} *Wifmuth - blumen*
des Allemands.

Flos Wifmuthi. Juft. min. 165. Baum. min. I.
461. §. 7.

Ochra Wifmuthi pulverea flavefcens. Syft. nat. XII.
193. n°. 7.
Vifmuthum calciforme pulverulentum. Cronft.
min. 223.
Mine de Bifmuth en chaux. *Monn. Expof. des
mines. p. 116.*

MM. Henckel & Cronftedt remarquent
avec raifon que les prétendues *fleurs de
Bifmuth d'un rouge pâle* dont parlent plufieurs Minéralogiftes ne font que des fleurs
de cobalt. La vraie *chaux de Bifmuth native* eft toujours d'un jaune verdâtre ou
blanchâtre, & fous la forme d'une efflorefcence granuleufe à la furface des mines
de Bifmuth qui fe décompofent. (Voyez
le morceau décrit ci-deffus W A. 2.) Je
foupçonne même que cette efflorefcence
de Bifmuth n'eft point à l'état d'ochre ou
de chaux pure, mais qu'elle eft combinée
avec l'*Acide marin* comme la plupart des
chaux métalliques qui proviennent de
mines décompofées. Ces fleurs de Bifmuth étant très-rares, il ne paroît pas que
jufqu'à préfent on en ait rencontré une
quantité fuffifante pour les foumettre à
l'effai.

COBALT. IX.

ESPÈCE I.

MINE DE COBALT BLANCHE { *Koboit-glantz*
OU D'UN GRIS BLANC. A. { des Allem.

Cobaltum album vel *Arsenicum albo-griseum splendens, vitro cæruleo.* Wolt. min. 28.

——— *cum ferro sulphurato & arsenico mineralisatum.* Cronst. min. 251.

——— *mineralisatum crystallinum, crystallis indeterminatè polyedris, nitidissimis albis.* Garth. min. 55.

——— *crystallinum* vel *crystallisatum.* Syst. nat. XII. 129. nᵒ. 1.

Cobalti minera diversimodè figurata. Wall. min. 234.

Mine de Cobalt cristallisée. *Sage Elém. de min. docim. p. 163.*

Cette espèce, qui pour l'ordinaire est cristallisée, se fait de plus remarquer par sa couleur qui est d'un gris blanc & brillant comme l'argent. Elle est dure, pesante, compacte & se couvre rarement de l'efflorescence granuleuse rouge qui forme ce que l'on appelle *enduit de Cobalt.* Elle contient, suivant les essais de M. Sage, de l'arsénic, du fer & du bismuth. L'arsénic s'y trouve quelquefois dans la proportion de moitié ; le fer & le bismuth y sont en très-petite quantité , quant au soufre il est rare qu'elle en contienne.

Ҡ A. 1. *Mine de Cobalt blanche* en cristaux solitaires à 18 facettes, formés par un cube dont les bords sont tronqués. (*Ess. de crist. p. 334. Var. 1.*) Ces cristaux, dont l'éclat est très-vif, viennent de *Tunaberg*, en Sudermanie.

Ҡ A. 2. *Mine de Cobalt blanche* en cristaux à 14 facettes, formés par un cube dont les huit angles solides sont tronqués (*Ess. de crist. ibid. Var. 2.*) Ces cristaux sont grouppés sur du spath calcaire blanc : de *Sainte-Marie aux-Mines.*

Drusa Cobalti crystallisata. Wall. min. 234. 2.

Ҡ A. 3. Autre grouppe des mêmes cristaux de *mine de Cobalt blanche*, mais plus grands & de couleur plus foncée : de *Joachimsthal* , en Bohême. Leurs huit angles solides sont tronqués plus avant.

Ҡ A. 4. Petit cristal solitaire de *Mine de Cobalt blanche* à 26 facettes. C'est un cube dont les bords & les angles sont tronqués. (*Ess. de crist. p. 334. Var. 3.*)

Ҡ A. 5. *Mine de Cobalt blanche* en petits cubes dont les angles sont tronqués : ces cubes sont épars avec de la pyrite martiale mammelonnée sur du quartz grenu & cristallisé : de *la Compagnie*, à Freyberg.

℞ A. 6. Autre, en petits criſtaux irréguliers qui tirent ſur le rougeâtre, dans du quartz friable & cellulaire : du Duché de Deux-Ponts.

℞ A. 7. Un morceau ſingulier de *mine de Cobalt blanche ſolide*, mêlée avec mine d'arſénic blanche & mine d'étain noire, dans une gangue compoſée de fauſſes émeraudes, de fauſſes améthiſtes cubiques & d'une eſpèce de calcédoine en mammelons jaunâtres : de la *Bénédiction de Dieu du Duc Auguſte*, à Freyberg.

℞ A. 8. *Mine de Cobalt blanche*, criſtalliſée en cubes dont les angles ſont peu tronqués, dans une gangue de ſpath calcaire mêlée de fleurs de cobalt d'un rouge pâle : de *Sainte-Marie aux-Mines*.

ESPÈCE II.

Mine de Cobalt grise ou cendrée. B.   { *Kobolt - ertz* des Allemands.

Minera Cobalti cinerea. Auctor.

Cobaltum griſeum vel *Arſenicum nigro-griſeum, ſplendens, vitro cæruleo.* Wolt. min. 28.

———— *ferro & arſenico metalliformis mineraliſatum, vulgò Cobaltum dictum.* Cronſt. min. 249.

———— *mineraliſatum informe, particulis nitidis, albis.* Carth. min. 55.

———— *arſenicale.* Syſt. nat. XII. 129. n°. 2.

Cobaltum arfenico mineralifatum, minerâ difformi, granulis colore plumbeo micantibus. Wall. min. 231.

Cobalti minera. Brandt Act. Upfal. 1733.

Mine de Cobalt ferrugineufe. *Monn. Expof. des mines. p.* 130.

Cette efpèce eft la mine de Cobalt la plus riche ; elle eft minéralifée par l'arfénic feul. Le fer & quelquefois le bifmuth s'y rencontrent, mais ils n'y font qu'accidentels. Moins elle contient de ces fubftances étrangères, plus le bleu qu'elle fournit eft beau & recherché. Cette mine eft ordinairement folide & compacte comme l'acier, fort pefante & d'un gris plus ou moins foncé, mat dans les caffures récentes, mais noirciffant à l'air : elle eft fouvent recouverte d'un enduit granuleux ou pulvérulent de couleur rouge ou violette : il eft formé par l'altération que cette mine éprouve en divers points de fa fuperficie : c'eft ce qu'on appelle *fleurs de cobalt.* (℞ E.)

℞ B. 1. *Mine de Cobalt grife,* folide & criftallifée en cubes dont les bords & les angles font tronqués. Ce morceau, dont la furface a pouffé au noir par le féjour qu'il a fait à l'air, eft prefque fans gangue, très-compacte & en partie recouvert de fleurs granuleufes d'un rouge pâle : de *Joachimfthal* en Bohême.

Minera Cobalti cinerea textura chalybea. Wall. min. 231. 1. Les criftaux qu'on remarque fur ce morceau ont 26 facettes, comme ceux dont il eft parlé dans l'*Eff. de Crift. p. 334. var. 3.* mais ils en different en ce que les fix tétragones font ici remplacés par fix octogones, les douze trapèzes par douze rectangles, & les huit triangles par huit hexagones.

K. B. 2. *Mine de Cobalt grife en dendrites* ou prifmes articulés, formés d'octaëdres implantés les uns fur les autres, comme dans l'argent vierge en végétation de Sainte-Marie aux-Mines. Cette efpèce, appellée quelquefois *Mine de Cobalt tricotée,* me paroît être un argent vierge décompofé par l'arfénic & le cobalt qui l'environnent. Elle a pour gangue un quartz chargé de fpath vitreux cubique jaune & violet : de *Schnéeberg.*

An *Drufa Cobalti dendritica.* Wall. min. 234. 1 ? Voyez le Catal. raif. de 1772. n°. 430 ; & ci-deffus les mines d'argent, Efp. I. var. 6. Efp. VII. var. 4.

K. B. 3. *Mine de Cobalt grife folide & mammelonnée,* chargée de fon enduit granuleux couleur de fleurs de pêcher. Sa gangue eft un quartz rempli de bifmuth vierge folide : d'*A-dam* à Schnéeberg.

K. B. 4. *Mine de Cobalt grife folide* en maffe irrégulière, mêlée de mine de bifmuth gorge de pigeon : du *Vieux pere* à Annaberg. Quelques endroits de fa fuperficie font revêtus de l'enduit granuleux couleur de fleurs de pêcher.

K. B. 5. *Mine de Cobalt grife folide,* auffi avec fes fleurs fuperficielles : de *la Vallée de Gifton,* dans les Pyrénées Efpagnoles. Cette mine eft pàrſemée de quelques portions d'*arſénic blanc criſtallin natif*. Elle ne contient ni fer ni biſmuth.

Mine de Cobalt d'un gris cendré. Sage, Elém. de Minér. doc. p. 163.

Ӄ B. 6. *Mine de Cobalt griſe ſolide*, très-pure & de l'eſpèce qui produit le plus beau bleu, employé à la Manufacture Royale de Porcelaine de Dreſde. Elle vient de la mine de *Rappolt* à Schnéeberg.

Ӄ B. 7. Autre de la même qualité, avec ſon enduit ſuperficiel, dans une gangue de quartz blanc.

Ӄ B. 8. *Mine de Cobalt griſe & colorée* gorge de pigeon, avec ſon enduit ſuperficiel, dàns du quartz qui en eſt comme moucheté : de *Saint-Michel* à Schnéeberg.

Ӄ B. 9. *Mine de Cobalt griſe ſolide* à ſuperficie ſpéculaire, mêlée de mine de cuivre griſe & de fleurs granuleuſes d'un rouge pâle : de *Schwartzbourg* en Thuringe.

Ӄ B. 10. *Mine de Cobalt griſe ſolide*, à ſuperficie ſpéculaire, dans une gangue quartzeuſe micacée : de *Baſtnaes* à Riddarhyttan.

Seroit-ce *la mine de Cobalt ſulfureuſe* de M. Cronſtedt, décrite ci-après, Eſp. III ?

Ӄ B. 11. *Mine de Cobalt griſe* avec ſes fleurs granuleuſes rouges, vertes & violettes mêlées de pyrite martiale : de *Freyberg*.

Ӄ B. 12. Autre, criſtalliſée en cubes dont les angles ſont tronqués ; elle eſt entremêlée de criſtaux de roche & de fleurs granuleuſes d'un rouge pâle.

Sa couleur griſe eſt plus foncée que celle de la mine de Cobalt blanche de même forme, décrite ci-deſſus, Eſp. I. var. 2 & 3.

ESPÈCE III.

MINE DE COBALT SULFUREUSE. C.
Cobaltum pyriticoſum. Syſt. nat. XII. 129. n°. 3.
——————*ferro ſulphurato mineraliſatum.* Cronſt.
min. 250.
Mine de Cobalt avec le fer ſans arſénic. *Monn.*
Expoſ. des mines. p. 131.

Suivant MM. Brandt & Cronſtedt, cette eſpèce ne contient point d'arſénic, mais du fer & du ſoufre, & elle donne un beau verre bleu. Cependant M. Brandt a obſervé (*Mém. de l'Acad. de Stockholm, an. 1746*) que c'eſt moins le ſoufre que ſon acide qui minéraliſe le cobalt dans cette mine : qu'elle eſt très-difficile à fondre, & qu'on en obtient un régule qui contient beaucoup plus de fer que de cobalt. Quoi-qu'il en ſoit, cette mine, dont la couleur approche de celle de la pyrite blanche ar-ſénicale, a été trouvée par M. Brandt dans les mines de cuivre de Skinskatteberg en Weſtmanie, & par M. Cronſtedt dans celles de Baſtnaës à Riddarhyttan.

℞ C. 1. Morceau envoyé de Suède fous le nom de *Mine de Cobalt fulfureufe* folide & à petits grains, mêlée d'un peu de fer attirable à l'aimant, dans un quartz cendré noirâtre : de *Riddarhyttan*.

ESPÈCE IV.

MINE DE COBALT D'UN GRIS ROUGEASTRE. D. { *Kupfernickel* des All. Juft. min. 184.
Sage Élém. de Min. doc. p. 164.

Cobaltum æris modo lucens. Gefn. Cadm. 20. n°. 32.

Pfeudo-cobaltum vel *Arfenicum fulvum, fplendens.* Wolt. min. 28.

Arfenicum mineralifatum informe, particulis rubicundis, nitidis. Carth. min. 58.

———— *fulphure & cupro mineralifatum minerâ difformi, æris modo rubefcente.* Wall. min. 229.

———— *rubens cupreum.* Syft. nat. IX. 174. n°. 6.

Cuprum-nikelum vel *cuprum mineralifatum arfenicale, fulvum.* Syft. nat. XII. 146. n°. 16.

Cuprum Nicolai. Woodw. catal. & Vogel. min. 409.

Pfeudo-cuprum vel *minera cupri fpuria.* Nonnullorum.

Pyrites ruber aut minera arfenici rubra. Valm. de Bom. min. t. 2. p. 17.

Niccolum ferro & cobalto arfenicatis & fulphuratis mineralifatum. Cronft. min. 256.

Mine de Nickel, nommée par les Allemands Kupfernickel. *Monn. Expof. des mines. p. 137.*

Quoique M. Cronſtedt ait cru devoir faire de cette eſpèce un demi-métal particulier & qu'il ait été en cela ſuivi par M. Monnet, je la regarde avec MM. Sage & Linné comme un mêlange d'arſénic, de cobalt, de cuivre & de fer. Le régule qu'on obtient par la réduction de cette mine, après l'avoir calcinée, a la même couleur que celui du Cobalt; il paroît même n'en différer que par l'effloreſcence verte & cuivreuſe dont il ſe couvre après un certain tems. Quand on a ſéparé de ce régule, les parties hétérogênes qu'il contient, il ne reſte plus alors qu'un *régule de Cobalt pur*, pourvu de toutes les propriétés qui caractériſent ce demi-métal. Suivant les Eſſais de M. Sage, cette mine perd par la calcination 29 livres par quintal, & donne par la réduction 50 livres d'un régule mixte dont la plus grande partie eſt de Cobalt.

℞ D. 1. *Mine de Cobalt d'un gris rougeâtre* tirant ſur la couleur du cuivre rouge, & brillante dans ſa fracture : de *Saalfeld.*

Ce morceau, qui eſt en rognon, eſt comme enveloppé par un ſpath ſéléniteux, mêlé de fleurs de Cobalt granuleuſes.

℞ D. 2. Autre morceau, chargé de ſon enduit rougeâtre, dans du ſpath compacte blanc : auſſi de *Saalfeld.*

℞ D. 3.

℞ D. 3. *Mine de Cobalt d'un gris rougeâtre*, fort éclatante & mêlée de mine de fer spathique grise : de *Biber*, en Hesse.

℞ D. 4. Deux autres morceaux de la même variété, dont la gangue est le spath calcaire ; le plus petit contient de la mine d'argent vitreuse, avec une efflorescence blanche arsénicale : de *Schnéeberg*.

℞ D. 5. *Mine de Cobalt d'un gris rougeâtre,* solide & sans gangue, avec ses fleurs superficielles : de *Freyberg*.

ESPÈCE V.

Mine de Cobalt en Efflorescence ou Fleurs de Cobalt. E. { Kobolt - blumen des Allemands.

Flos cobalti. Auctor.

Cobalti minera colore rubro vel flavo efflorescens. Wall. min. 235.

Ochra cobalti rubra seu minera cobalti calciformis, calce arsenici mixta. Cronst. min. 248.

Cobaltum ochraceum rubrum pulverulentum vel striatum, striis friabilibus è centro commune divergentibus. Carth. min. 56.

Ochra wismuthi rubra. Syst. nat. IX. 209. n°. 7.
—— *cobalti pulverea fulva.* Syst. nat. XII. 193. n°. 8.

Cobaltigo vel *Ochra cobalti germinans purpurea.* Syst. nat. XII. 195. n°. 15.

R

Niccolum calciforme , vel ochra Niccoli martialis viridis. Cronſt. min. 255.
Ochra cupri nikeli pulverea, viridi-flaveſcens. Syſt. nat. XII. 193. n°. 5.

Cette eſpèce provient de la décompoſition des mines de Cobalt arſénicales ; c'eſt peut-être ce qui a fait dire à M. Cronſtedt que ce *Cobalt à l'état de chaux* étoit mêlé de chaux d'arſénic ; mais il réſulte des eſſais de M. Sage que dans cette mine la chaux de Cobalt eſt minéraliſée par l'*acide marin* , & qu'elle ne contient rien d'arſénical. Sa couleur varie depuis le rouge le plus pâle, juſqu'au rouge pourpre le plus foncé. Celle qui eſt verte ou jaunâtre provient ordinairement de la décompoſition du *Kupfernickel* ou mine de Cobalt d'un gris rougeâtre. (℞ D.)

℞ E. 1. *Fleurs de Cobalt étoilées,* d'un rouge pourpre, mêlées de fleurs granuleuſes , ſur une gangue argilleuſe qui tient auſſi de la mine de cuivre griſe , avec ſpath compacte blanc : de *Saalfeld.*

Flos Cobalti amiantiformis ſtriata. Wall. min. 235. 1.
Ochra Cobalti rubra indurata radiata Cronſt. min. 248. b.

℞ E. 2. *Fleurs de Cobalt rouges étoilées* , raſſemblées en mammelons aiguillés du centre à la circonférence, ſur de la mine de fer ſpathique qui a pour base une mine de Cobalt grise solide avec son enduit superficiel : de *Biber*.

℞. E. 3. *Fleurs de Cobalt rouges striées*, en petites étoiles bien distinctes, éparses sur une pierre argilleuse grise : de Thuringe.

℞. E. 4. *Fleurs de Cobalt étoilées*, couleur-de-rose vif, sur une gangue argilleuse mêlée de *Fahlertz* & de mine de Cobalt vitreuse noire semblable à des scories : de *Saalfeld*.

℞. E. 5. *Fleurs de Cobalt étoilées* & en mammelons d'un rouge pourpre, striés du centre à la circonférence. Elles sont mêlées d'azur de cuivre avec *fahlertz* & mine de cobalt grise : aussi de *Saalfeld*.

℞. E. 6. Petits échantillons de *fleurs de Cobalt étoilées & cristallisées* en prismes transparens, couleur de rubis : de *Saalfeld*.

℞. E. 7. *Fleurs de Cobalt granuleuses rouges & verdâtres* sur une mine de Cobalt décomposée, dont la gangue est un quartz chargé de fausses améthistes cubiques : de *Schnéeberg*.

> *Flos Cobalti superficialis.* Wall. min. 235. 2. *Ochra Cobalti pulverulenta.* Cronst. min. 248. a. Les fausses améthistes qui accompagnent ce morceau, de même que celles des articles ci-dessus, Esp. I. var. 7. & Esp. II. var. 2. doivent au Cobalt leur couleur.

℞. E. 8. *Fleurs de Cobalt granuleuses d'un rouge pâle*, mêlées de quelques *fleurs vertes*, sur une mine de cuivre grise : de Thuringe.

℞. E. 9. *Fleurs de Cobalt granuleuses* d'un rouge pourpre, sur du spath perlé rhomboïdal blanc

& jaunâtre qui, conjointement avec une pierre argilleuse grife, fert de gangue à une veine de *fahlertz* : auffi de Thuringe.

℞ E. 10. Autres de la même couleur, dans les interftices d'un fpath féléniteux blanc, mêlé de mine de cuivre jaune & grife.

℞ E. 11. Autres, dans une pareille gangue avec azur & verd de cuivre ; elles font mêlées de Cobalt granuleux noir.

℞ E. 12. *Fleurs de Cobalt granuleufes fuperficielles*, d'un rouge très-pâle, fur de la mine de Cobalt grife mêlée de pyrites, dans du quartz : de la *Dorothée* à Niegelsdorff.

℞ E. 13. *Fleurs de Cobalt granuleufes*, d'un beau rouge, dans les cavités d'une mine de Cobalt limonneufe & hépatique : de Thuringe.

℞ E. 14. *Enduit de Cobalt granuleux*, du rouge le plus vif, & d'une ligne ou environ d'épaiffeur, fur de la mine de fer fpathique grife : de *Biber*.

ESPÈCE VI.

MINE DE COBALT VITREUSE NOIRE OU SEMBLABLE A DES SCORIES. F. } *Schlacken - kobolt* des Allemands.

Cobaltum fcoriæforme. Gefn. Cadm. 17. Vogel. min. 504.

Cobaltum calciforme martiale , absque arsenico ,
seu minera cobalti calciformis pulveru-
lenta vel indurata, colore nigro. Cronst.
min 247.
———— *scoriatum* vel *porosum glaucescens , fus-*
cum. Syst. nat. XII. 129. n°. 4.
———— *arsenico mineralisatum , minerâ colore*
glauco , scoriis simile. Wall. min. 233.
———— *mineralisatum , nitidum , cœrulescens ,*
scoriæforme, Carth. min. 56.
Cobalt noir. *Justi nouv. Vérités, tom.* 1. *p.* 476.
Mine de cobalt minéralisée sous la forme de
chaux. *Monn. Expos. des mines. p.* 132.

    Cette espèce n'est point *minéralisée*
par l'arsénic , ni de *couleur bleuâtre* ou d'*un*
gris bleu & brillant , comme l'a dit Wallerius , qui semble l'avoir confondue avec
quelqu'autre mine arsénicale. Elle est toujours de *couleur noire* , soit qu'on la rencontre en poussiere ou en petits grains,
soit qu'elle ait plus de consistence & un
coup d'œil vitreux dans sa cassure. M.
Cronstedt observe avec raison que cette
mine paroît avoir perdu la substance qui
la minéralisoit dans un état antérieur. C'est
encore l'*Acide marin* qui fait ici , suivant
M. Sage, les fonctions de Minéralisateur.

  F. 1. *Mine de Cobalt vitreuse noire* semblable
  à des scories & disposée par veines luisantes
  dans une gangue argilleuse mêlée de *fahlertz*

& de fleurs de Cobalt étoilées. *Voyez le mor-ceau décrit ci-deſſus* Ҟ E. 4.

Minera Cobalti vitrea nigra. Cronſt. min. 247. b.
An *Minera Cobalti ſcoriaformis dura.* Wall. min. 233. 1.?

Ҟ F. 2. *Mine de Cobalt vitreuſe noire*, en forme d'incruſtation mammelonnée tendre & luiſante, ſur du ſpath compacte blanc mêlé de mine de cuivre griſe : de *Saalfeld*.

Ҟ F. 3. Autre, du même endroit, mais plus ſuperficielle & mêlée d'azur de cuivre : auſſi dans le ſpath compacte.

Ҟ F. 4. *Mine de Cobalt noire, luiſante & feuil-letée, à ſuperficie ſpéculaire* : de Saalfeld. Ce morceau, qui eſt ſans gangue, paroît être la *mine de Cobalt ſpéculaire* de Wallerius.

Minera Cobalti ſpecularis vel *Cobaltum arſenico mine-raliſatum, fiſſile, colore nigro ſplendente.* Wall. min. 232. *Spiegel-kobolt* des Allemands. C'eſt une variété acciden-telle qui ne contient pas plus d'arſénic que les précé-dentes.

Ҟ F. 5. *Mine de Cobalt noire*, friable, cellulaire & ſpongieuſe, qui noircit les doigts comme de la ſuie. Elle vient auſſi de *Saalfeld*. On nomme quelquefois cette variété *fleurs de Co-balt noires*; M. Cronſtedt la compare au Sa-fre artificiel. Seroit-ce le *Safre natif* de Woodward?

Ochra Cobalti nigra. Cronſt. min. 247. a. *Minera Cobalti ſcoriaformis ſpongioſa.* Wall. min. 233. 2. An *Zaffera nativa.* Woodw. Catal. exot. t. 2. part. I. p. 27?

Ҟ F. 6. *Mine de Cobalt vitreuſe noire, luiſante*, diſpoſée par veines & par petites taches ſur une mine de Cobalt terreuſe : de *Saalfeld*.

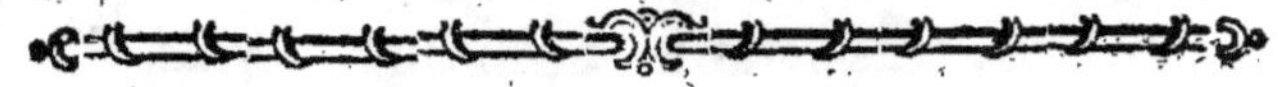

ESPÈCE VII.

MINE DE COBALT MOLLE OU TERREUSE. G. { *Kobolt - mulm :* *Kobolt - erde* ou *Kobolt - letten* des Allemands.

Minera cobalti mollior vel terrea. Auctor.
Cobalti minera , incerti coloris , terrea. Wall. min.
   236.
Cobaltum terrestre friabile. Carth. min.

C'est moins une espèce particuliere qu'un mélange de toutes les espèces de Cobalt décomposées avec la terre qui leur a servi de gangue. C'est ce qui cause la variété des couleurs qu'on y remarque. On y trouve même quelquefois du *vitriol de cobalt*; mais quand l'*argent vierge capillaire* s'y rencontre, on range cette espèce parmi les mines d'argent molles sous le nom de *Mine d'argent merde d'oye.* Voyez ci-dessus ☽ H. & ☽ A. 10.

☽ G. 1. *Mine de Cobalt terreuse blanche*, mêlée de mine de cobalt noire avec du *vitriol de cobalt* en petits mammelons blancs, verds & jaunâtres: de *Saalfeld.* Deux morceaux, dans l'un desquels le vitriol de cobalt incruste un schiste alumineux noir.

    Minera Cobalti terrea alba. Wall. min. 236. 1.

R iv

K G. 2. *Mine de Cobalt terreuse* noire, grise & rougeâtre, très-friable : aussi de *Saalfeld.*

Minera Cobalti terrea fuliginea. Wall. min. 236. 3.

K G. 3. *Mine de Cobalt argilleuse* grise & de couleur d'ochre, dont les cavités sont remplies de fleurs granuleuses rouges.

Minera Cobalti terrea argillacea lutea. Wall. min. 236. 4 & 2. Voyez un autre morceau de cette variété, ci-dessus, Esp. V. var. 13.

K G. 4. Autre, dont les fleurs granuleuses superficielles imitent la couleur des fleurs de pêcher.

K G. 5. *Mine de Cobalt terreuse* de couleurs variées où dominent le rouge & le brun. La partie de cette mine la moins décomposée est parsemée de petits grains luisans de mine d'argent grise : d'*Allemont*, en Dauphiné.

C'est une espèce de *Mine d'argent merde d'oie*, qui contient souvent de l'argent vierge capillaire. Voyez les morceaux cités ci-dessus.

K G. 6. *Régule* obtenu de la mine de Cobalt grise ordinaire.

Quand la mine qui donne ce régule contient du *Bismuth*, ce dernier occupe la partie inférieure du culot. Voyez ci-dessus W A. 7.

K G. 7. *Verre de Cobalt* ou *smalt* de différens bleus : de Saxe.

K G. 8. *Azur* ou *bleu d'émail*, tiré du Cobalt : de Saxe.

ARSÉNIC. o—o

ESPÈCE I.

ARSÉNIC VIERGE ou RÉGULE D'ARSÉNIC NATIF. A. { *Schwartz - gift - ertz. Fliegen-stein. Michenpulver*, & *Scherbenkobolt* des Allemands.

Arsenicum nativum seu *Cobaltum testaceum.* Auctor.

——— *nudum, metallicum, atrum, fracturis splendens.* Wolt. min. 28.

——— *nativum, particulis impalpabilibus, testaceum, vel particulis micaceis, vel friabile & porosum.* Cronst. min. 239. A. B. C.

——— *testaceum* seu *nudum fragmentis convexis, concavisque, albidis.* Syst. nat. XII. 117. n°. 1.

——— *squammosum* seu *nudum fragmentis micaceis.* Syst. nat. XII. 117. n°. 2.

——— *porosum* seu *nudum fragmentis porosis nitentibus.* Syst. nat. XII. 117. n°. 3.

——— *mineralisatum, ponderosum, durum, extùs cinereum, intùs plumbeo colore splendens, fragmentis concavis, crassis.* Carth. min. 57.

——— *nativum purum bitumine mixtum, cinerum vel nigrum, fugax.* Wall. min. 223.

——— *ferro mineralisatum testaceum.* Wall. min. 225.

Pyrites arfenici teftaceus. Bom. min. t. 2. p. 18.
Mine d'arfénic noirâtre feuilletée. *Sage, Elém.
de min. doc. p. 155.*
Arfénic gris. *Bucq. introd. 2. p. 79.*

Cette efpèce, ordinairement écailleufe ou feuilletée, eft l'*Arfénic* fous fa forme réguline ou métallique; mais quoiqu'on lui donne l'épithète de *vierge* ou de *natif,* il ne faut pas croire qu'il foit toujours auffi pur que le régule artificiel. En effet la mine dont il s'agit contient fouvent une portion de fer ou de cobalt; ce qui l'a fait mettre par quelques-uns au nombre des mines de cobalt. Au furplus l'arfénic fait toujours la partie dominante de celles mêmes qui font les moins pures, puifqu'il ne refte après leur torréfaction que huit livres par quintal d'une poudre rougeâtre en partie attirable par l'aimant. Ce réfidu donne, fuivant M. Sage, un tiers de fon poids de cobalt. Celles qui ne contiennent que de l'*Arfénic ,* fans mélange d'aucune autre fubftance, fe fubliment en entier fans laiffer le moindre réfidu. C'eft ce qui leur a fait donner par les Allemands le nom de *Fliegen-ftein* (pierre volante.)

o–o A. 1. *Régule d'arfénic natif* de la variété nommée *arfénic* ou *cobalt teftacé.* Sa fuperficie eft granuleufe & protubérancée. Il eft affez dur pour donner des étincelles , lorsqu'on le frappe avec le briquet, & il se divise par croutes assez épaisses, convexes d'un côté , concaves de l'autre.

Arsenicum vel *Cobaltum testaceum.* Just. min. 180.

o-o **A. 2.** *Régule d'arsénic natif* en masse informe d'un gris noirâtre , mais qui, dans ses fractures récentes , est d'un gris brillant comme la galène. Ce morceau , quoique solide & très-compacte , ne donne point d'étincelles lorsqu'on le frappe avec le briquet. Il paroît composé d'un amas de petites écailles convexes & concaves , qui rendent sa surface comme pointillée. Il est mêlé d'un peu de quartz & vient de Saxe.

Arsenicum squamosum fragmentis micaceis. Syst. nat. XII. 117. n°. 2. *Arsenicum nigrum solidum.* Wall. min. 223. 2.

o-o **A. 3.** *Régule d'arsénic natif* en masse noirâtre , poreuse , très-friable. On le trouve en Saxe presqu'à la surface de la terre.

C'est la variété nommée *pierre à mouches* ou *pierre volante. Arsenicum nigrum friabile.* Wall. min. 223. 1.

o-o **A. 4.** *Régule d'arsénic artificiel* en masse poreuse & friable, composée de lames triangulaires , hexagones & rhomboïdales.

On le vend chez les Droguistes sous le nom impropre de *Cobalt.*

<hr>

ESPÈCE II.

MINE D'ARSÉNIC BLANCHE ou PYRITE BLANCHE AR-SÉNICALE.　B. $\left\{\begin{array}{l}\textit{Mispitkel} \text{ ou}\\ \textit{Gift-kies} \text{ des}\\ \text{Allemands.}\end{array}\right.$

Minera arfenici alba feu Pyrites albus. Auctor.

Arfenicum ferro mineralifatum, minerâ albefcente, teffulis vel planis micante. Wall. min. 227.

———　*marte fulphurato mineralifatum.* Baum. min. 1. 475. §. 9.

———　*albicans, fplendens.* Wolt. min. 28.

———　*mineralifatum informe, particulis pla-nis, albis, nitidis.* Carth. min. 58.

———　*mineralifatum, fragmentis planis, ni-tidis, albicantibus.* Syft. nat. XII. 118. n°. 6.

———　*metalliforme ferro mixtum.* Cronftedt. min. 243. B.

Mine de fer arfénicale. *Monn. Expof. de min. p. 81.*

Cette efpèce contient moins d'Arfénic, mais plus de cobalt & de fer que la pré-cédente. Elle ne differe de la *mine de fer arfénicale* (♂ K.) que par une plus grande quantité d'arfénic jointe à une plus petite portion de fer. Cette mine a la couleur blanche & luifante de l'étain, & pour l'or-dinaire fa blancheur ne s'altere point à l'air.

o-o B. 1. *Mine d'Arsénic blanche* criftallifée en cubes rhombéaux ou rhomboïdaux. (*Eff. de Crift. p. 316.*) Ces cubes forment un grouppe affez confidérable mêlé de galène, de mine de fer fpathique grife & de pyrite fulfureufe en petits grains fuperficiels : de *Freyberg.*

Arfenicum mineralifatum cryftallifatum cubicum. Syft. nat. XII. 118. n°. 8. *Minera Arfenici alba teffularis.* Wall. min. 227. 1.

o-o B. 2. Autre, criftallifée en lames pofées de champ, comme les fpaths dits en *crêtes de coq.* Elles font entremélées d'une mine de fer fpathique écailleufe, grife : d'*Ehrenfriedersdorff.*

Ces lames vues à la loupe, paroiffent réfulter d'un amas confus de petits criftaux rhomboïdaux comme ceux de l'article précédent, mais comprimés. Voyez le *Catal. raif. de 1772. n°. 395.*

o-o B. 3. *Mine d'Arfénic blanche* folide & criftallifée, dans du quartz blanc, mêlé de criftaux de roche ; d'*Altenberg.*

o-o B. 4. *Mine d'Arfénic blanche* folide & lamelleufe, avec mine d'étain rougeâtre, dans une gangue quartzeufe : d'*Ehrenfriedersdorff.*

o-o B. 5. *Mine d'Arfénic blanche*, difpofée par veines & par taches, dans du quartz : de *Schœnfeld*, en Bohême.

o-o B. 6. Autre à gros grains, dans de la mine de fer rougeâtre : de *Geyer*, en Saxe.

o-o B. 7. *Mine d'Arfénic blanche* à facettes brillantes éparfes dans une mine de fer noirâtre attirable à l'aimant, avec blende & galêne : d'*Utoe*, en Sudermanie.

Minera Arfenici alba, planis micans. Wall. min. 227. 2.

○—○ B. 8. Autre dont les lames, plus raſſemblées, ont une blancheur & un éclat extraordinaires ; ſa gangue eſt le quartz : du Dauphiné.

> Cette mine, qui rend par quintal 69 liv. d'arſénic, 20 livres de fer & 11 livres de Cobalt, a préſenté à M. Sage, qui en a fait l'eſſai, une ſingularité qui la diſtingue de toutes les mines connues : lorſque l'arſénic en a été enlevé par la torréfaction, il reſte ſur le teſt une maſſe brunâtre, ſouple, molle & tenace comme de la cire, mais qui, en ſe réfroidiſſant, prend de la ſolidité, & devient alors fragile & caſſante.

ESPÈCE III.

Mine d'arſénic griſe ou ſulfureuſe. C. { Arſenicaliſcherweiſſer-kies des Allemands.
appellée par quelques-uns *Pyrite d'Orpiment.*

Minera arſenici cinerea. Auctor.
Arſenicum ferro ſulphurato mineraliſatum. Cronſt. min. 243. A.
——— *ſulphuratum* vel *mineraliſatum, cinereo-cæruleſcens, micans,* Syſt. nat. XII. 118. n°. 5.
——— *ferro mineraliſatum, minerâ difformi, granulis cinereo - cæruleſcentibus micante.* Wall. min. 228.
Pierre arſénicale. *Wall. ibid. Trad. Françoiſe.*
Pyrite pierreuſe d'arſénic. *Bom. min. t. 2. p. 19.*

Cette eſpèce, ordinairement compacte, ſans figure déterminée & d'une couleur plus obſcure que la précédente, eſt minéralisée par le fer & le soufre. On en tire le *Réalgar* par la calcination. C'est peut-être à une pareille décomposition de ce minéral par les feux souterrains que l'on doit l'*Orpiment natif*.

o–o **C. 1.** *Mine d'arsénic sulfureuse*, informe, d'un gris cendré tirant sur le bleuâtre, entremêlée de mine de fer noirâtre en particules luisantes, attirables à l'aimant, dans du quartz : de *Loefasen*, en Dálécarlie.

> Cette mine donne des étincelles lorsqu'on la frappe avec le briquet, & répand, par la collision, une forte odeur d'arsénic.

o–o **C. 2.** Autre dont la couleur tire sur le noir; elle est mêlée de pyrite cuivreuse & vient du même endroit que la précédente.

> Cette mine paroît avoir éprouvé de l'altération. On en tire difficilement des étincelles avec le briquet, & elle n'a rien d'attirable à l'aimant.

ESPÈCE IV.

CHAUX BLANCHE D'AR-SÉNIC NATIVE. D. {*Weisser-mehlichen arsenic* des Allem.

Arsenicum nativum simplex farinaceum. Wall. min. 221. 2.

———— *nudum, purum, pulverulentum, album.* Carth. min. 57.

———— *nudum terreum, album.* Wolt. min. 28.

———— *calciforme, seu Calx arsenici nativa, pura, friabilis.* Cronst. min. 240. A. 1.

Arsénic en chaux blanche, ou Arsénic pur.
Monn. Expos. des min. p. 128.

On rencontre cet arsénic en chaux sous la forme d'une efflorescence blanche, à la surface & dans les cavités de certaines mines : tel est un *sinter* blanc mammelonné de Sainte-Marie-aux-mines, qui contient une quantité assez considérable de cette chaux d'Arsénic. (*Catal. raif. de* 1772. *n°.* 1502.) Peut-être provient-elle souvent de la décomposition des mines d'argent rouges, lorsqu'elles passent à l'état d'argent vierge ou de mine d'argent vitreuse.

○–○ D. 1. *Chaux d'Arsénic native* sous la forme d'une efflorescence farineuse blanche, dans les interstices d'un spath compacte blanc qui sert de gangue à de la mine d'argent vitreuse. *Voyez le morceau décrit ci-dessus* ☽ B. 4.

La même efflorescence arsénicale blanche, accompagne aussi la mine d'argent vitreuse, sur le morceau de *Kupfernickel* décrit au Cobalt, Esp. IV. var. 4.

ESPÈCE V.

ARSENIC BLANC CRIS- ⎰ *Durchsichtiger-kristal-*
TALLIN NATIF. E. ⎱ *lischer-arsenic des Al.*

Arsenicum nativum simplex crystallinum. Wall. min. 221. 3.

Arsenicum

Arsenicum nudum, purum, cryſtallinum, album, nitidum. Carth. min. 57. Syſt. nat. XII. 117.

—————— *nudum, cryſtallinum, album.* Wolt. min. 28.

—————— *calciforme ſeu calx Arſenici nativa, pura, indurata.* Cronſt. min. 240. A. 2.

Verre d'Arſénic natif. *Sage, Elém. de min. doc.* p. 157.

Celui-ci ne paroît différer du précédent que par ſa forme qui, pour l'ordinaire, eſt criſtalliſée en aiguilles oblongues, polyëdres, blanches ou jaunâtres, demi - tranſparentes & concentrées en étoiles ou en faiſceaux. On le trouve particulièrement avec les *Mines de cobalt griſes.* Henckel en a remarqué ſur celle de *Joachimſthal,* en Bohême ; M. Cronſtedt ſur celle d'*Andreasberg* au Hartz, & M. Sage ſur celle de la *Vallée de Giſton* dans les Pyrénées Eſpagnoles. Voyez le morceau décrit ci-deſſus N. B. 5.

ESPÈCE VI.

ORPIMENT NATIF ou ARSÉ- ⎰Gediegen-oper-
NIC JAUNE NATUREL. F. ⎱ment des Al.

Auripigmentum foſſile cruſtoſum. Mercat. metal. Vatic. p. 73.

S

Calx arfenici fulphure mixta flava. Cronft. min.
    241. a.

*Arfenicum fulphure , lapide fpatofo & micaceo
      mineralifatum , minerâ flavefcente.*
      Wall. min. 224.

———— *mineralifatum, ex lamellis flavis fplen-
      dentibus , imbricatis, compofitum.* Car.
      min. 57.

———— *luteum , lamellatum, micaceum.* Wolt.
      min. 28.

Pyrites auripigmentum feu *pyrites nudus flavus ,
    micis auratis.* Syft. nat. XII. 113. n°. 2.

Orpiment naturel ou arfénic combiné avec le
    foufre , fous la forme de chaux. *Monn. Exp.
    des min. p. 126.*

Cette combinaifon naturelle de l'arfénic fous forme de chaux avec le foufre ,
paroît provenir de la fublimation d'une
mine d'arfénic fulfureufe, (○–○ C.) opérée
par les feux fouterrains. On trouve cet orpiment en maffes peu régulières d'un beau
jaune citrin tirant quelquefois fur le verdâtre ou le rougeâtre : les lames luifantes
qui le compofent ont été prifes par quelques-uns pour du *Mica.*

○–○ F. 1. *Orpiment natif ,* en maffe lamelleufe
demi-tranfparente , d'un beau jaune luifant,
tirant fur la couleur de l'or : de Hongrie.

    Auripigmentum citrinum. Wall. min. 224. 1. *Auri-
pigmentum nativum citrino - viridefcens.* Bom. min. 2.
p. 28.

o-o F. 2. Autre plus opaque, d'un jaune mat, mais luisant dans ses cassures.

o-o F. 3. *Orpiment natif des Indes orientales.* Il est d'un jaune clair & plus serré dans son tissu que les précédens. C'est le *Pacha-pacha-num* de la Côte de Coromandel.

Risigallum flavum. Wall. min. 222. 1.

o-o F. 4. Autre, appellé aux Indes *Aridullam.* Sa couleur est d'un jaune-terne verdâtre.

o-o F. 5. *Orpiment natif*, d'un jaune rougeâtre ou orangé. Il est en masse solide composée de lames parallèles. C'est l'*Erra-pachanum* : des Indes orientales.

Auripigmentum rubro-flavum. Wall. min. 224. 2.
Auripigmentum nativum flavo-rubescens. Bom. min. 2, p. 29.

ESPÈCE VII.

RÉALGAR NATIF ou ARSÉ-NIC ROUGE NATUREL. G. { *Roth - opermens ou Rothen-berg-schwefel* des All.

Arsenicum sandaraca seu *Arsenicum nudum ru-brum.* Syst. nat. XII. 117. n°. 4.

———— *nativum purum, sulphure mixtum, rubrum.* Wall. min. 222.

———— *rubrum, interdùm crystallinum.* Wolt. min. 28.

———— *nudum sulphure mixtum, fragmentis nitidis, glabris, opacis quod obscurè rubrum Sandaracha* seu *luteum Risigallum.* Carth. min. 57.

S ij

Calx arſenici ſulphure mixta rubra. Cronſt. min.
241. B.

Cette combinaiſon de l'arſénic avec le
ſoufre n'eſt qu'une variété de l'eſpèce précédente. L'arſénic y eſt auſſi à l'état de
chaux, mais le ſoufre y domine davantage;
il y en a d'opaque & de tranſparente. On
la trouve en Saxe, en Suède & en Hongrie, mais ſur-tout aux bouches des Volcans où elle eſt ſublimée par l'action des
feux ſouterrains.

oо G. 1. *Réalgar natif* en petits criſtaux tranſparens, rouges comme des rubis, formés
d'un priſme hexaèdre comprimé, terminé
par deux pyramides diédres dont les plans
ſont pentagones. (*Eſſ. de criſt. p. 314.*) Ces
criſtaux, connus ſous le nom de *Rubine d'ar-*
ſénic, ſont épars ſur une gangue pierreuſe
chargée de deux ſels ammoniacaux (le vitriolique & le ſulfureux) joints à du vitriol martial. On les trouve à la Solfatare &
ſur le Véſuve dans le Royaume de Naples.

Riſigallum pellucidum. Wall. min. 222. 4.

oо G. 2. *Soufre tranſparent rouge,* de la Guadeloupe. C'eſt un ſoufre en maſſe irrégulière,
coloré par l'arſénic avec lequel il a été ſublimé par l'action du Volcan ſur lequel on le
trouve.

Sulphur nudum firmiter cohærens, arſenicale-rubrum.
Carth. min. *Sulphur nativum, rubrum, diaphanum.*
Wolt. min. 25.

o-o G. 3. *Soufre & arsénic* fondus & vitrifiés par les feux de l'*Etna*. Ces deux substances forment une masse rougeâtre, opâque, poreuse & luisante, chargée d'*arsénic blanc cristallin* en lames triangulaires, dont quelques unes se réunissent en octaèdres.

S O U F R E. ♃.

ESPÈCE I.

SOUFRE VIERGE ou NATIF. **A.** { *Gediegener - ſchwefel* des Allemands.

Sulphur nativum & vivum. Dal. Pharm. p. 25.
——— *nativum, purum, flavum.* Wall. min. 213.
——— *nativum* vel *Phlogiſton minerale acido vitrioli junctum.* Cronſt. min. 151.
——— *virgineum aut nudum, nativum, luteum, diaphanum.* Wolt. min. 25.
——— *nudum firmiter cohærens, purum, flavum.* Carth. min.
Pyrites nativus ſeu nudus, diaphanus. Syſt. nat. XII. 113. nº. 1.

On trouve le ſoufre pur & ſans mélange, non ſeulement dans les bouches de Volcans, où il a été ſublimé par les feux ſouterrains ; mais on en rencontre encore dans des pierres calcaires criſtalliſées, où il paroît avoir été formé par la voie humide. C'eſt même alors que ſa criſtalliſation eſt la plus régulière & la plus diſtincte.

♃ A. 1. *Soufre natif* en criſtaux octaëdres,

tranſparens, d'un beau jaune citrin, & tronqués aux ſommets. (*Eſſ. de Criſt. p. 292.*)
On trouve ces criſtaux grouppés parmi d'autres criſtaux de Spath calcaire pyramidal,
dans des géodes calcaires ; à ſix lieues de
Cadix.

*Pyrites nativus cryſtallinus octaedrus, aluminiformis ;
pyramidibus tranſverſè abbreviatis. Syſt. nat. XII. 113.
n°. 1. ♂.*

♁ A. 2. Autre, en très-petits criſtaux octaëdres, épars ſur de la mine d'antimoine rouge.
Voyez les morceaux décrits ci-deſſus ♂ D. 2.

♁ A. 3. *Soufre natif* tranſparent, jaune, en
fragmens irréguliers ; de la Guadeloupe.

Sulphur vivum pellucidum. Wall. min. 213. 1. *Sulphur
nudum luteum ignivomorum montium.* Wolt. min. 25.

♁ A. 4. *Soufre natif* opaque & d'un jaune verdâtre : de Sicile.

Sulphur vivum opacum. Wall. min. 213. 2. *Sulphur
nativum opacum, colore vario.* Wolt. min. 25.

♁. A. 5. *Soufre natif* impur ou mélangé, gris :
des *Indes Orientales.* Il eſt opaque & reſſem-
ble au *Soufre vif* du commerce.

Sulphur nativum mixtionis peregrinæ coloratum. Wall.
min. 214.

ESPÈCE II.

P YRITE MARTIALE INFORME {Eiſen - kies
ou *PYRITE SULFUREUSE.* B. {des Allem.
(Voyez la mine de fer, Eſp. VIII.)
Pyrites ſulphureus rudis. Auctor.

S iv

Sulphur marte faturatum texturâ æquali, vel cha-
    lybeâ vel granulatâ. Cronft. min. 152.
    B. 1. 2. 3.
——— *ferro mineralifatum, minerâ difformi,*
    pallidè flavâ, nitente. Wall. min. 215.
——— *ferro mixtum, informe, ponderofum,*
    dilutè flavum, fuperficie planiufculâ.
    Carth. min. 51.
Pyrites ferri mineralifatus, amorphus, fcintillans.
    Syft. nat. XII. 115. n°. 5.
Ferrum pallidè luteum, fplendens, polymorphum.
    Wolt. min. 31.

Ces Pyrites, que l'on trouve en maffes
continues plus ou moins confidérables
dans la plupart des mines métalliques,
font très-abondantes en foufre & paffent
aifément à la vitriolifation. Outre l'utilité
dont elles font, en qualité de fondans, pour
le traitement de certaines mines, ce font
elles qui fourniffent la plus grande partie
du Soufre & du Vitriol, qu'on voit aujour-
d'hui dans le commerce. On ne dira rien ici
des altérations qu'elles éprouvent naturel-
lement dans l'intérieur de la terre, foit
par *la voie humide,* foit par *la voie féche;*
parce qu'il en a déja été fait mention ci-
deffus, parmi les *mines de fer* qui proviennent de la décompofition de ces Pyrites.
(*Voyez* ♂ H. J. L. P. Q. R. &c.)

♃ B. 1. *Pyrite martiale informe,* folide, dure

& compacte, entre deux lisières très-minces de colubrine feuilletée brune; des mines de *Louise* en Westmanie.

Cette Pyrite est d'un jaune pâle & fort attirable par l'aimant. *Pyrites sulphureus, purus, nudus.* Wall. min. 215. 1.

♀. B. 2. Autre, à particules plus fines & d'un gris jaunâtre, attirable aussi par l'aimant: de la mine de cuivre de *Klefwa*, en Smolande.

♀. B. 3. *Pyrite martiale informe*, à gros grains, dont plusieurs affectent la forme cubique: de *Fahlun*, en Dalécarlie.

Elle est sans gangue, & l'aimant ne l'attire point.

♀ B. 4. *Pyrite martiale informe*, à petits grains, friable & tenant or: du Vivarais.

Réduite en poudre, elle se montre en partie attirable par l'aimant.

♀ B. 5. *Pyrite martiale informe*, dans du grais: de *Fahlun*. Les particules qui la composent sont prismatiques, luisantes & striées.

C'est le *Basalte pyriteux* de M. Cronstedt.

♀ B. 6. *Pyrite martiale en aiguilles prismatiques*, dans du quartz: de *Dannemore*, en Uplande.

♀ B. 7. *Pyrite martiale informe*, qui s'est déposée par couches protubérancées, comme si elle eut été en fusion: de *Voigtland*.

♀ B. 8. *Pyrite martiale informe*, en petites masses ovoïdes, noires, comprimées; ou Schiste alumineux d'*Andrarum*, en Scanie.

Tophus schistosus, solidus, lenticularis, ater. Syst. nat. XII. 191. n°. 21.

♃ B. 9. *Schiste alumineux* ou *pyriteux*, en boules lisses, noires, & très-serrées dans leur tissu ; de *Saalfeld*.

Elles contiennent quelquefois du Cobalt ou de l'Arsénic.

ESPÈCE III.

PYRITE MARTIALE EN GLOBULES. **C.** { *Berg - eier* ou *Kiesballe* des Allemands.

Pyritæ globosi vel *globuli pyritacei.* Auctor.

Sulphur mineralisatum, minerá globosâ concretum. Wall. min. 216.

—————— *ferro mixtum, globosum, ponderosum, dilutè flavum.* Carth. min. 51.

Pyrites mineralisatus aggregatus, figuratus. Syst. nat. XII. 114. n°. 4.

—————— *ærugineus, cujus protuberantiæ acuminatæ sunt diamantis instar.* Mus. Brackenhof. p. 65.

—————— *ferreus, globosus, pyramidibus quadrangularibus prominulis undique asper.* Scheuchz. Oryctogr. p. 186.

Pyritæ globosi intùs striati, striis à centro ad circumferentiam excurrentibus. Cappell. prodr. cryst. p. 35.

Cette espèce, quoique très-abondante en Soufre, l'est un peu moins que la précédente, mais elle n'est pas moins facile à se vitrioliser. On la trouve en petites masses solitaires dans la craie, l'argille, la marne, &c. Souvent même elle se rencontre à la surface & dans les cavités des mines de filon. Son tissu est presque toujours aiguillé ou strié du centre à la circonférence. Lorsqu'elle se décompose par la voie séche, elle passe à l'état de *Mine de fer hépatique* ou *d'un brun rouge*, (♂J.).

♄ C. 1. *Pyrite martiale en boule*, hérissée à sa surface par les sommets pyramidaux des aiguilles qui la composent : ces aiguilles sont formées par deux pyramides quadrangulaires, inégales & opposées, dont la plus longue a sa pointe au centre de la pyrite & sa base à la circonférence où se termine la pyramide extérieure qui lui est opposée. Ce sont les sommets de ces dernières qui forment les inégalités plus ou moins saillantes de la surface. (*Ess. de crist. p.* 296 *& suiv.*)

Globuli pyritacei sphærici. Wall. min. 216. 1.

♄ C. 2. Autre de même forme, mais coupée en deux hémisphères, & polie dans le plan de sa section, ce qui la rend propre à réfléchir les objets comme un miroir.

La *Pierre des Incas* est une pyrite de cette espèce ou une pyrite cuivreuse, à laquelle l'art a donné le poli. Voyez *le Catal. de M. Davila*, *tom.* 2. *p.* 341.

♄ C. 3. *Pyrite martiale en boule ovoïde*, dans laquelle les pyramides de la surface sont fort saillantes & rapprochées en mammelons, comme dans les pyrites en grappe. La couche extérieure décompofée a paffé à l'état de *Mine de fer brune* ou *hépatique*. (♂ J.).

Globuli pyritacei oblongi Wall. min. 216. 3. *Globuli pyritacei colore fufco vel rubefcente.* Wall. min. 216. 4.

♀ C. 4. *Grouppe de Pyrites martiales en globules,* au milieu duquel eft une *échinite* pyritifée du genre des *cœurs marins.* Le centre de ces pyrites eft dans fon état naturel, mais les parties voifines de la circonférence ont éprouvé de l'altération & forment une *Mine de fer hépatique* incruftée d'*Ochre jaunâtre.* (Voyez ♂ J. 5.)

Globuli pyritacei pallidè flavi. Wall. min. 216. 1. Les parties de cette pyrite qui font décompofées, ne contiennent plus de foufre.

♀ C. 5. *Pyrite martiale en boule*, dont la furface eft lamelleufe & protubérancée. Le centre eft encore pyriteux, mais le refte eft décompofé & à l'état de mine de fer hépatique mélée d'ochre martiale couleur de rouille.

Dans ce paffage de la Pyrite à un nouvel état, par la perte du foufre qui la minéralifoit, les parties qui fe décompofent offrent ordinairement des couleurs variées plus ou moins vives, qui chatoyent comme la gorge de pigeon.

♀ C. 6. *Pyrite martiale globuleufe* à couches concentriques. Sa furface, quoique protubérancée, eft affez liffe ; mais l'intérieur eft remarquable en ce qu'il s'y rencontre des marcaffites cubiques couleur d'or, de la galêne à grands cubes, du fpath vitreux en petits cubes, & du quartz en partie criftallifé : de Hongrie.

ESPÈCE IV.

PYRITE MARTIALE
POLYGONE. D. { *Kies - kriſtalle* des Allem.
Cryſtalli pyritacei vel *druſa pyritacea.* Auctor.
Sulphur ferro mineraliſatum formâ cryſtalliſatâ.
Wall. min. 217.
——————*marte ſaturatum, cryſtalliſatum.* Cronſt.
min. 152. B. 4.
——————*ferro mixtum cryſtallinum, ponderoſum,*
dilutè flavum. Carth. min. 51.
Pyrites cryſtallinus vel *mineraliſatus cryſtalliſatus.*
Syſt. nat. XII. 113. n°. 3.

Cette eſpèce, qui varie beaucoup dans
la forme de ſes criſtaux, eſt d'un jaune
plus ou moins pâle ; elle eſt moins ſujet-
te à s'effleurir que la précédente, ce qui
paroît provenir de la ſaturation plus exac-
te de ſes principes conſtituans. Elle perd
néanmoins très-ſouvent par la voie ſéche
le ſoufre qui la minéraliſoit ; elle brunit
alors & devient l'eſpèce de *Mine de fer*
hépatique dont on a parlé ci-deſſus (♂ J.)

♃ D. 1. *Pyrites martiales, ſolitaires,* criſtalliſées
en cubes rectangles dont les bords & les angles ſont entiers. (*Eſſ. de criſt. p. 300. Var.*
1.) Les unes ſont luiſantes & d'un jaune pâle,

d'autres font plus ou moins obfcures & comme rouillées par l'altération qu'elles ont éprouvée à leur furface. La plupart de ces derniéres font cuivreufes.

Marcaffita hexaedrica teffulares. Wall. min. 217. 2.
Pyrites fufcus cubicus. Wall. min. 218. 3. Voyez au Fer, Efp. IX. var. 6.

♀ D. 2. *Pyrites martiales* en petits cubes rectangles, luifans, épars dans du fchifte : de Baffe-Bretagne.

♀ D. 3. Autres, d'un jaune très-pâle & de même forme, dans une mine de fer rougeâtre qui paroît contenir du cinabre : de *Franconie.*

♀ D. 4. Autres auffi très-pâles, dans les cavités d'une mine de cuivre jaune & colorée, mêlée de criftaux de quartz : de *Planché-les-Mines.*

♀ D. 5. *Pyrites martiales* en cubes rectangles, qui fe confondent en une maffe globuleufe, de la forme d'un rognon : du *Diocèfe d'Aleth.*

Globuli pyritacei hemifphærici. Wall. min. 216. 2.

♀ D. 6. *Pyrite martiale* en petits cubes luifans, pelotonnés en mammelons fur une pyrite aiguillée, mêlée de quartz en partie criftallifé ; de Hongrie.

♀ D. 7. Autre, dont les cubes forment par leur réunion une maffe cellulaire & caverneufe incruftée de verd de montagne : quelques parties font à l'état de *Mine de fer hépatique*

Marcaſſitæ hexaedricæ cellulares. Wall. min. 217. 5.
Voyez le morceau décrit ci-deſſus au Plomb, Eſp. II.
var. 16.

♀ D. 8. *Pyrites martiales, ſolitaires,* criſtalliſées
en parallèlepipedes rectangles dont les bords
& les angles ſont entiers. (*Eſſ. de criſt. p. 301.
Var. 2.*)

Marcaſſitæ hexaedricæ priſmaticæ. Wall. min. 217. 3.

♀ D. 9. Petites *Pyrites martiales, ſolitaires,* d'un
jaune blanchâtre, ou d'un gris clair, criſtalliſées en cubes ſtriés ſur toutes leurs faces ;
les ſtries des faces oppoſées ſont parallèles
entr'elles, mais perpendiculaires à celles des
faces voiſines. (*Eſſ. de criſt. p. 302. Var. 3
& 4.*

Les Pyrites de cette variété de forme ſont ſouvent
cuivreuſes. Voyez au Fer, Eſp. IX. var. 4.

♀ D. 10. *Pyrites martiales, ſolitaires,* criſtalliſées en cubes obliquangles, dont les bords
& les angles ſont entiers. (*Eſſ. de criſt. ibid.
Var. 4.*) Les unes ſont totalement à l'état pyriteux ; d'autres ſont recouvertes d'une croute ferrugineuſe brune d'une à pluſieurs lignes d'épaiſſeur ; d'autres enfin ont entiérement paſſé à l'état de *Mine de fer hépatique.*
(♂ J. 7.)

Marcaſſitæ hexaedricæ rhomboidales. Wall. min. 217. 4.

♀ D. 11. *Pyrites martiales* de la variété précédente, grouppées en maſſe irréguliére & lamelleuſe : d'Angleterre.

♀ D. 12. *Pyrites martiales, ſolitaires, à 14 facettes,* ou criſtalliſées en çubes dont les an-

gles folides font plus ou moins tronqués. (*Eſ.
de criſt. ibid. Var. 5, 6, 7.*)

Elles contiennent ordinairement un peu de cuivre.
Marcaſſita decateſſaraedrica. Wall. min. 217. 9.

♂ **D. 13.** *Pyrites martiales, folitaires, à 18 facettes* ou criſtalliſées en cubes dont les bords
font plus ou moins tronqués. (*Eſſ. de criſt. p.
304. Var. 8 & 9.*) Ces pyrites, dont les trois
côtés les plus proches font ſtriés dans la
même direction, paroiſſent être une variété
de celles décrites ci deſſus ♂ **D. 9.** Le paſ-
fage d'une forme à l'autre eſt fenfible fur la
plupart d'entr'elles. Il s'en trouve auſſi de
cuivreufes.

Pyrites cryſtallinus octodecahedrus Syſt. nat. XII. 114.
n°. 3. *n.*

♂ **D. 14.** Grouppe de *Pyrites martiales*, de la
variété précédente ; leurs cubes fe pénétrent
l'un l'autre dans des directions très-différen-
tes, fans que le parallélifme de leurs côtés
foit en rien dérangé.

♂ **D. 15.** *Pyrites martiales dodécaëdres*, folitaires ou grouppées. Les unes font d'un jaune
pâle éclatant, les autres brunes & comme
rouillées à leur furface. (*Eſſ. de criſt. p. 305.
Var. 10.*)

Marcaſſita dodecahedrica. Wall. min. 217. 8. (Voyez
des Marcaſſites cuivreuſes de même forme, ci-après
eſp. VI. var. 5 & fuiv.)

♂ **D. 16.** *Pyrites martiales* de la variété précédente, éparfes dans une mine de fer brune &
ochracée ; du *pays de Trèves.*

♂ D. 17.

♀ D. 17. *Pyrites martiales* criftallifées en lames dentelées plus ou moins épaiffes, pofées de champ & très-ferrées les unes contre les autres, comme les fpaths dits *en crêtes de coq*. Elles font grouppées fur du fpath vitreux cubique, mêlé de galêne à grandes facettes : du Comté *de Darby*, en Angleterre.

> *Marcaffita bracteata.* Wall. min. 217. 12. Voyez le Catal. raif. de 1772. n°. 333 & fuiv.

♀ D. 18. Autre grouppe des mêmes *Pyrites en crêtes de coq*, où fe trouve du pétrole ou bitume noir liquide, qui fuinte de plufieurs endroits du morceau.

♀ D. 19. Autre, fans fpath fufible : les lames pyriteufes qui compofent ce grouppe font plus minces & plus faillantes.

♀ D. 20. Un grouppe des mêmes Pyrites en lames dentelées , totalement décompofé, c'eft-à-dire, à l'état de *Mine de fer brune ou hépatique.* (♂ J. 1 & 2.)

> C'eft la *Pyrite brune* des Minéralogiftes : (*Pyrites fuftus lamellofus.* Wall. min. 218. 1.) mais, quoiqu'elle conferve encore la forme d'une pyrite, elle n'en a plus les propriétés.

ESPÈCE V.

***P**YRITE MARTIALE INFORME TENANT CUIVRE ,* appellée vulgairement *PYRITE CUIVREUSE.* E. } *Kupfer-kies. Waffer-kies* des Allem.

(*Voyez* aux mines de Cuivre les efpèces VIII & IX.)

T

Pyrites subflavus cupreus. Auctor.
———— *ferreo - cupreus, matrice deliquescente vel vitrescente vel apyrâ.* Syst. nat. IX. 173. N°s. 5, 6, 7.
———— *cupri mineralisatus amorphus, non scintillans.* Syst. nat. XII. 115. n°. 6.
(*Voyez* ses autres Synonimes ci-dessus ♀ J.)

Cette espèce est peut - être de toutes les Pyrites la plus abondante en soufre. Plus elle contient de cuivre plus sa couleur jaune tire sur le verdâtre. Il est assez difficile de distinguer au premier coup-d'œil celles qui sont d'un jaune pâle, d'avec la *Pyrite martiale informe pure* qui montre aussi cette couleur. Le caractére que M. Linné leur assigne, de ne point donner d'étincelles lorsqu'on les frappe avec le briquet, ne convient qu'à celles de ces Pyrites qui tirent le plus sur le verdâtre, ou qui ont déja éprouvé quelque altération dans leur tissu.

♂ E. 1. *Pyrite martiale informe, tenant cuivre,* éparse, avec galêne, dans une roche quartzeuze mêlée de spath calcaire & de colubrine feuilletée : de *Loefasen*, en Dalécarlie.

♂ E. 2. Autre, d'un jaune verdâtre, & attirable à l'aimant dans tous les points de sa surface. Sa gangue est un quartz couleur d'eau, avec colubrine feuilletée superficielle : de *Bisberg.*

♃ E. 3. Autre, de même couleur, & pareillement attirable à l'aimant, dans de l'amiante gris : de *Nordberg*. (*Voyez* ♀ H. 1.)

♃ E. 4. *Pyrite martiale informe, tenant cuivre & or*, dans du quartz mêlé de parties calcaires & de colubrine feuilletée ; d'*Adelfors*, Paroiſſe d'*Alſeda*, en Smolande. (*Voyez* ☉ B. 3.)

♃ E. 5. *Pyrite martiale informe, tenant cuivre ;* dans du ſchiſte gris-verdâtre ; du Diocèſe de *Conſerans*.

♃ E. 6. *Pyrite martiale informe, tenant cuivre,* à particules très-fines attirables à l'aimant, & ſans gangue : de *Fahlun*.

ESPÈCE VI.

PYRITE MARTIALE CRIS-TALLISÉE TENANT CUI-VRE & ſouvent ARSÉNIC. { *Marcaſit* ou *Bergwurſel* des Allemands.

ou *MARCASSITE PROPREMENT DITE.* F.

Pyrites mineraliſatus cryſtalliſatus tetraëdrus, octaëdrus, decaëdrus & dodecaëdrus. Syſt. nat. XII. 114. n°. 3. α. δ. ε. ζ. η.

Marcaſſita tetraëdrica, octaëdricæ, decaëdricæ, &c. Wall. min. 217. 1. 6. 7.

Arſenicum mineraliſatum cryſtallinum, cryſtallis octaëdris nigricantibus. Carth. min. 58.

———— *cryſtallinum ſeu mineraliſatum cryſtalliſatum octaëdrum nigricans.* Syſt nat XII. 118. n°. 7.

T ij

*Arſenicum ferro mineraliſatum, minerâ teſſulari li-
vido nigrâ.* Wall. min. 226.
Mine d'Arſénic en dez ou cubes octogones.
Wall. min. ibid. traduct. Franç.

Cette eſpèce a été juſqu'à préſent miſe au nombre des *Mines arſénicales* ou
confondue avec les *Pyrites martiales polygones* ; mais elle ne contient pas aſſez
d'arſénic pour mériter place parmi les
premiéres , & elle differe des ſecondes
par le cuivre dont elle eſt mêlée, par la
vivacité des couleurs & ſouvent même
par la forme des criſtaux. L'arſénic ne ſe
rencontre pas toujours dans ces Pyrites.
Celles qui en contiennent, ſont ordinairement d'un blanc éclattant, mais cette
couleur s'altére quelquefois & leur ſurface tire alors ſur le noirâtre ou le brun
obſcur. Ces Pyrites ne ſont point ſujettes
à ſe vitrioliſer ; leur tiſſu fin, compacte &
ferré, les rend ſuſceptibles du plus beau
poli. Elles contiennent avec le fer un
peu de cuivre, beaucoup de ſoufre &
peu ou point d'arſénic.

♄ F. 1. *Marcaſſites cuivreuſes tétraëdres*, ou criſtalliſées en pyramides triangulaires dont les
bords ſont avec ou ſans biſeau. (*Eſſ. de criſt.
p. 306. Eſp. V.*) *Voyez* le morceau décrit
parmi les mines de fer ci-deſſus ♂ P. 4.

La *Mine d'Argent grise cristallisée* qui se trouve sur ce morceau, étant de même forme que ces Marcassites, on a lieu de présumer qu'elle n'en differe que par la portion d'argent qu'elle contient.

☿ F. 2. *Marcassites cuivreuses* en tétraëdres, dont les bords sont en biseau & les angles tronqués de biais. Elles sont éparses sur un groupe de petits cristaux de roche, mêlés de galêne tessulaire & de pyrites mammelonnées; de *Brouckhauser-Mühl*, Comté de Holtzapfel.

Voyez des *Cristaux d'Argent gris* semblables à ceux de ces Marcassites, parmi les mines d'argent, Esp. VI. var. 1.

☿ F. 3. *Marcassites cuivreuses octaëdres*, en cristaux solitaires d'un jaune pâle (♀ J. 1.) ou de couleur grise (♀ D. 3.) Les unes & les autres viennent de Suéde. (*Ess. de crist. p. 308. Var. 1. 2. 4.*)

☿ . F. 4. Groupe de *Marcassites cuivreuses décaëdres*, ou en lames quarrées, blanchâtres, posées de champ & tronquées en biseau sur leurs bords. (*Ess. de crist. p. 309. Var. 8.*)

☿ . F. 5. *Marcassites cuivreuses dodécaëdres*, en cristaux solitaires, lisses, éclattans, d'un jaune vif, dont les plans sont pentagones. (*Ess. de crist. p. 305. Var. 10.*)

☿ F. 6. Autres, de la même forme & du même éclat, éparses avec du spath calcaire sur un groupe de cristaux de quartz : du Pays de Trèves.

Voyez des morceaux analogues à celui-ci parmi les mines de Cuivre, ci-dessus Esp. VIII. var. 2, 10 & 11.

♃ F. 7. Grouppe des mêmes Marcaſſites en très petits criſtaux, leſquels recouvrent en entier un ſpath calcaire en lames hexagones, qui a pour baſe des criſtaux de roche : de *Freyberg.*

    Voyez le Catal. raiſ. de 1772. n°. 198 & 382.

♃ F. 8. Autre grouppe de *Marcaſſites dodécaëdres* de la même petiteſſe, mais d'un éclat encore plus vif, ſur une pyrite martiale informe, mêlée de ſpath calcaire pyramidal : d'Angleterre.

♃ F. 9. Grouppe de *Marcaſſites cuivreuſes blanches*, très-éclatantes, en criſtaux à 14 facettes, formés par des octaëdres dont les ſix angles ſolides ſont tronqués. (*Eſſ. de criſt. p. 309. Var. 12.*)

    C'eſt particulierement cette variété que l'on emploie à divers ouvrages de bijouterie, ſous le nom de *Marcaſſite.*

♃ F. 10. Autre grouppe des mêmes marcaſſites, mais dont la ſurface tire ſur le noirâtre par l'altération qu'elle a éprouvée.

    Cryſtalli octaëdra, colore fuſca aut alba aut pallida Syſt. nat. XII. 118. n°. 7.

♃ F. 11. *Marcaſſites cuivreuſes à 14 facettes*, d'un jaune pâle tirant ſur le griſâtre : Elles ſont grouppées en maſſe globuleuſe & tellement engagées les unes contre les autres que la plûpart ne montrent qu'un des ſommets de l'octaëdre tronqué qui les compoſe ; ce qui donne à ce grouppe l'apparence d'un amas de Marcaſſites cubiques.

♄ . *F.* 12. *Marcaffites cuivreufes icofaëdres*, ou en petits criftaux folitaires à 20 facettes triangulaires & de couleur blanche. (*Eff. de crift. p.* 310. *Efp. VIII.*)

♄ *F.* 13. Autres de même forme, mais plus jaunes & plus éclatantes : elles font grouppées avec des *Marcaffites cuivreufes dodécaëdres*, dans les cavités d'une Pyrite martiale informe. On remarque dans une de ces cavités une troifiéme variété de Marcaffites en criftaux lamelleux qui réfléchiffent les plus vives couleurs : de Thuringe.

♄ *F.* 14. *Pyrites cuivreufes criftallifées* dont la forme paroît être le tétraëdre : elles incruftent des cubes de fpath vitreux qui ont pour bafe un quartz pyriteux, mêlé de blende & de galêne : de *Freudenftein*, près de Freyberg.

♄ *F.* 15. *Pyrites cuivreufes criftallifées* & colorées de l'azur le plus vif, fur du fpath calcaire pyramidal : du Comté de Darby.

♄ *F.* 16. Deux autres grouppes des mêmes *Pyrites cuivreufes criftallifées*, jaunes & nuancées des plus vives couleurs, fur du *Cauk* mammelonné, mêlé de fpath calcaire pyramidal : du Comté de Darby.

♄ *F.* 17. *Marcaffites octaëdres en végétation.* Leurs criftaux, entés les uns fur les autres, comme l'argent vierge de Ste. Marie (☽ A. 6.) forment des branches ou colonnes articulées, terminées par une pyramide quadrangulaire. Ces Marcaffites font entremêlées de petits criftaux fpathiques & quartzeux très-diaphanes; des mines de *Cornouaille*.

T iv

♃ F. 18. *Marcaſſite blanche ſtriée*, peu régu-
liére dans ſa forme & comme enclavée dans
un fragment de criſtal de roche, où l'on
remarque auſſi du ſchorl fibreux noir : de
Madagaſcar.

J'ai remarqué dans le cabinet de feu M. Jacqmin,
Joaillier de la Couronne, un morceau de criſtal de roche
parfaitement diaphane, dont l'intérieur eſt parſemé de
petites marcaſſites blanches cubiques & dodécaèdres
d'un éclat ſingulier.

F I N.

BIBLIOTHÈQUE ROYALE

Note relative à la page 169, sur le PLOMB VIERGE.

J'AI vû depuis peu, dans le Cabinet de M. l'Abbé Nolin, un morceau qui doit enfin décider la queſtion s'il exiſte ou non du *Plomb vierge.* Ce morceau, qui peſe environ deux livres, paroît d'abord n'être qu'une ochre ou chaux de plomb de la variété décrite aux mines de ce métal ſous le nom de *Minium natif* (♄ L. 3.) mais la plus grande partie eſt un *Plomb vierge en maſſe irréguliere,* qu'on ne peut méconnoître aux propriétés ſuivantes. 1°. Il eſt très-malléable, ſe coupe facilement ſans s'égrainer, en lames auſſi minces qu'on le deſire, & entre en fuſion même à la flamme d'une bougie. 2°. La *Mine de Plomb terreuſe rouge* qui l'enveloppe, a tous les caractères des mines de cette eſpèce qui ont été trouvées en Angleterre dans les Comtés de Darby & de Sommerſet, mêlées avec de la Galêne, & à Langenheck dans la Principauté de Naſſau. 3°. Enfin, une veine de ſchiſte qui traverſe ce morceau, & qui contient elle-même quelques molécules de Plomb extrêmement fines, ſuffit pour empêcher de prendre cette ochre rouge de plomb pour une litharge ſemblable à celle de Tarnowitz, qui avoit été donnée à M. Lehmann pour *Mine de Plomb rouge*, & que cet Auteur aſſure n'avoir été qu'une chaux de plomb ordinaire jettée avec les ſcories qu'on avoit ôtées de la Fonderie. [*Lehm. Couch. de la terre, tom. 3. p. 378 de la trad. franç.*]

Quoi qu'il en ſoit des morceaux cités par M. Lehmann, celui que poſſede M. l'Abbé Nolin eſt certainement un produit de la nature : il a été trouvé dans la mine de Pompéan près de Rennes en Bretagne. Tous les Auteurs qui ont parlé du Plomb natif, lui donnent pour enveloppe une terre ochracée blanche ou jaune ou rouge ; or cette terre n'étant le plus ſouvent qu'un Plomb à l'état de chaux, ſi le phlogiſtique vient à s'y unir, elle doit auſſi-tôt ſe révivifier en tout ou en partie, ſuivant la quantité de phlogiſtique qu'elle a reçu, & former ainſi un vrai *Plomb vierge* environné de la portion de cette terre qui n'a point été réduite. Quand cette terre eſt à l'état de *Minium* ou de *Maſſicot* natifs, il eſt évident qu'elle n'a pu y parvenir ſans l'intermede du feu ; il ne faut donc pas rejetter comme des produits de l'art des morceaux où l'on verroit des traces de l'action du feu, ſi ces morceaux contiennent d'ailleurs des preuves non équivoques d'une origine naturelle, telles que de la Galêne, de la Pyrite, une gangue quartzeuſe, ſpathique ou ſchiſteuſe, &c. D'un autre côté, le paſſage de la chaux du plomb à l'état métallique, ne pouvant non plus avoir lieu ſans le contact du phlogiſtique, la gangue pierreuſe qui accompagne cette chaux en doit être plus ou moins affectée : ainſi, dans le morceau dont il s'agit, le ſchiſte a pris une teinte d'un rouge pourpre, occaſionnée ſans doute par l'action du feu ſur la terre argilleuſe mêlée de terre martiale dont ce ſchiſte eſt compoſé.

TABLE ALPHABÉTIQUE

Des noms donnés par les Allemands à chaque espèce de Mine.

FIN.

APPROBATION.

J'AI lû, par ordre de Monseigneur le Chancelier, un Manuscrit intitulé, *Description Méthodique d'une Collection de Minéraux*, & je n'y ai rien trouvé qui puisse en empêcher l'impression. A Paris, ce 15 Décembre 1772,

Signé, ADANSON.

PRIVILEGE.

LOUIS, par la grace de Dieu Roi de France & de Navarre : A nos aînés & féaux Conseillers les Gens tenans nos Cours de Parlement, Maîtres des Requêtes ordinaires de notre Hôtel, Grand Conseil, Prévôt de Paris, Baillifs, Sénéchaux, leurs Lieutenans Civils & autres nos Justiciers qu'il appartiendra, SALUT. Notre amé le sieur DE ROMÉ DELISLE nous a fait exposer qu'il desireroit faire imprimer & donner au Public un Ouvrage de sa composition, qui a pour titre *Description Méthodique d'une Collection de Minéraux* s'il nous plaisoit lui accorder nos Lettres de Privilége pour ce nécessaires. A CES CAUSES, voulant favorablement traiter l'Exposant, Nous lui avons permis & permettons par ces Présentes, de faire imprimer ledit Ouvrage autant de fois que bon lui semblera, & de le vendre, faire vendre & débiter par tout notre Royaume, pendant le tems de six années consécutives, à compter du jour de la date des Présentes. Faisons défenses à tous Imprimeurs, Libraires & autres personnes, de quelque qualité & condition qu'elles soient, d'en introduire d'impression étrangere dans aucun lieu de notre obéissance ; comme aussi d'imprimer ou faire imprimer, vendre, faire vendre, débiter ni contrefaire ledit Ouvrage, ni d'en faire aucuns extraits, sous quelque prétexte que ce puisse être, sans la permission expresse & par écrit dudit Exposant, ou de ceux qui auront droit de lui, à peine de confiscation des exemplaires contrefaits, de trois mille livres d'amende contre chacun des contrevenans, dont un tiers à Nous, un tiers à l'Hôtel-Dieu de Paris, & l'autre tiers audit Exposant, ou à celui qui aura droit de lui, & de tous dépens, dommages & intérêts, à la charge que ces Préfentes feront enregiftrées tout au long fur le Regiftre de la Communauté des Imprimeurs & Libraires de Paris, dans trois mois de la date d'icelles ; que l'impreffion dudit Ouvrage fera faite dans notre Royaume & non ailleurs, en beau papier & beaux caractères, conformément aux Reglemens de la Librairie, & notamment à celui du dix Avril mil fept cent vingt-cinq, à peine de déchéance du préfent Privilége ; & qu'avant de l'expofer en vente, le manufcrit qui aura fervi de copie à l'impreffion dudit Ouvrage, fera remis dans le même état où l'Approbation y aura été donnée, ès mains de notre très-cher & féal Chevalier, Chancelier Garde des Sceaux de France, le fieur DE MAUPEOU ; qu'il en fera enfuite remis deux exemplaires dans notre Bibliotheque publique, un dans celle de notre Château du Louvre, & un dans celle dudit fieur DE MAUPEOU, le tout à peine de nullité des Préfentes : du contenu defquelles vous mandons & enjoignons de faire jouir ledit Expofant & fes ayans caufe, pleinement & paifiblement, fans fouffrir qu'il leur foit fait aucun trouble ou empêchement. Voulons que la copie des Préfentes, qui fera imprimée tout au long, au commencement ou à la fin dudit Ouvrage, foit tenue pour duement fignifiée, & qu'aux copies collationnées par l'un de nos amés & féaux Confeillers Secretaires foi foit ajoutée comme à l'original. Commandons au premier notre Huiffier ou Sergent fur ce requis, de faire pour l'exécution d'icelles, tous actes requis & néceffaires, fans demander autre permiffion, & nonobftant clameur de haro, charte normande & lettres à ce contraires: CAR tel eft notre plaifir. DONNÉ à Verfailles le treizieme jour du mois de Janvier l'an de grace mil fept cent foixante treize, & de notre Regne le cinquante-huitiéme. Par le Roi en fon Confeil, *Signé*, LEBEGUE.

Regiftré fur le Regiftre XIX. de la Chambre Royale & Syndicale des Libraires & Imprimeurs de Paris, N°. 2411. fol. 17. conformément au Réglement de 1723, qui fait défenfes, art. 4, à toutes perfonnes, de quelque qualité & condition qu'elles foient, autres que les Libraires & Imprimeurs, de vendre, débiter, faire afficher aucuns Livres pour les vendre en leurs noms, foit qu'ils s'en difent les Auteurs ou autrement, & à la charge de fournir à la fufdite Chambre huit exemplaires preferits par l'art. 108 du même Réglement. A Paris, ce 26 Janvier 1773. Signé, C. A. JOMBERT, Syndic.

www.ingramcontent.com/pod-product-compliance
Lightning Source LLC
LaVergne TN
LVHW020102060726

842526LV00004B/988